CAMPO 1973

AF455928

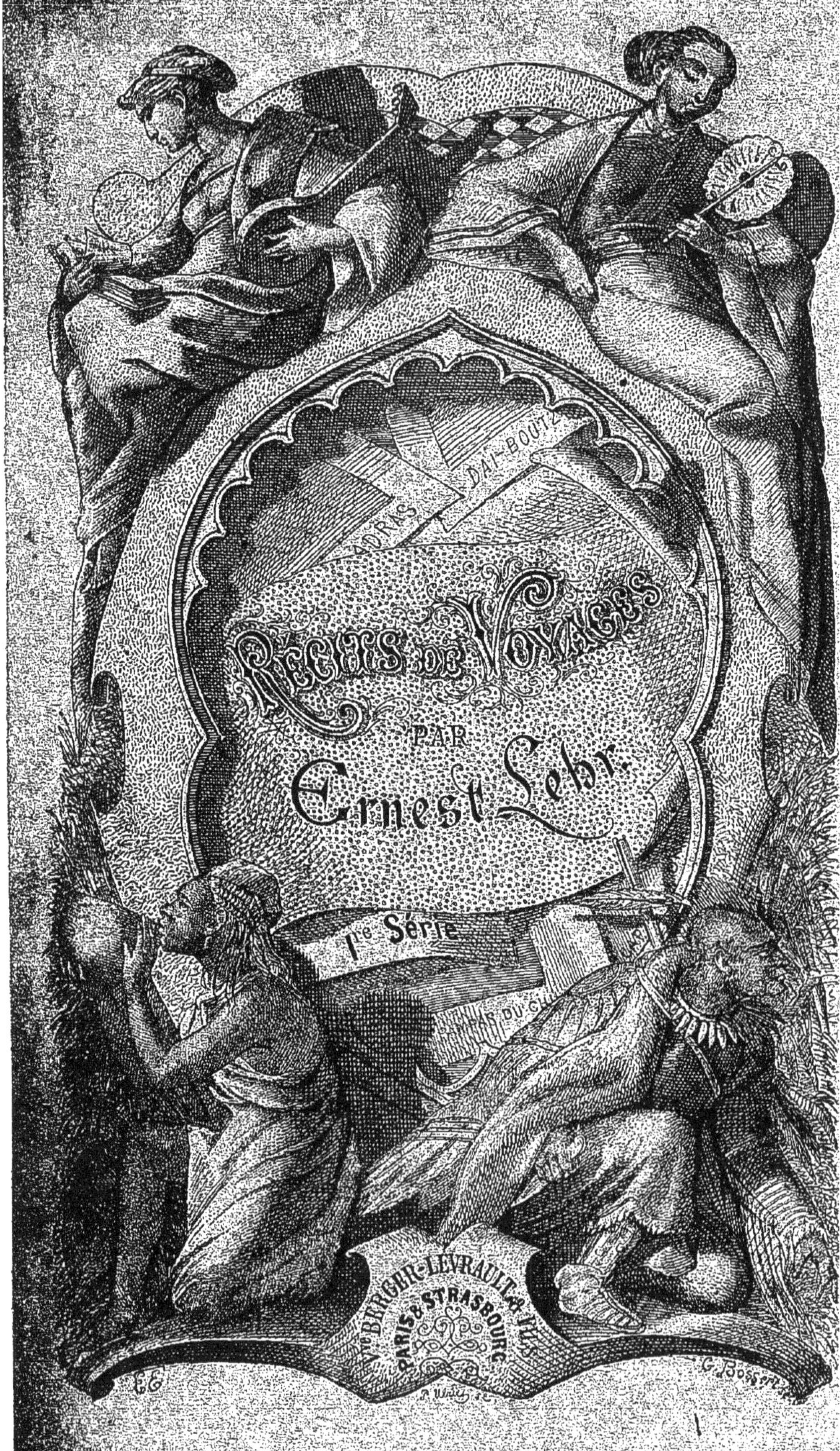
Récits de Voyages
par
Ernest Lehr
1re Série
Vve Berger-Levrault & Fils
Paris & Strasbourg

5259

SCÈNES DE MŒURS

ET

RÉCITS DE VOYAGE

DANS LES CINQ PARTIES DU MONDE

G

25817

Chez les mêmes éditeurs :

BIBLIOTHÈQUE ILLUSTRÉE POUR LA JEUNESSE
EN VOLUMES RICHEMENT RELIÉS.

VOYAGES DE DÉCOUVERTES

DANS

LA MAISON ET AUX ALENTOURS

PAR

HERMANN WAGNER

TRADUIT LIBREMENT DE L'ALLEMAND PAR P. REMY ET ERNEST LEHR.

4 volumes avec de nombreuses illustrations dans le texte
et hors texte.

TOME I. PROMENADES DANS LA CHAMBRE.

TOME II. PROMENADES DANS LA MAISON ET DANS LA COUR.

TOME III. PROMENADES DANS LA FORÊT ET DANS LES LANDES.

TOME IV. PROMENADES DANS LA CAMPAGNE.

Chaque volume se vend séparément.

Prix du volume, richement relié avec gaufrures en or, 3 francs.

Strasbourg, imprimerie de veuve Berger-Levrault.

T. I, p. 125. Dessiné d'après nature par H. Zuber.

VUE DU FUSI-YAMA (JAPON).

SCÈNES DE MŒURS

ET

RÉCITS DE VOYAGE

DANS

LES CINQ PARTIES DU MONDE

PAR

ERNEST LEHR

PREMIÈRE SÉRIE

AVEC 12 DESSINS DE A. MOUILLON ET H. ZUBER

103. 69.

PARIS

VEUVE BERGER-LEVRAULT ET FILS, LIBRAIRES-ÉDITEURS

RUE DES BEAUX-ARTS, 5

MÊME MAISON A STRASBOURG

1870

AVANT-PROPOS.

Les récits de voyage dont je présente aujourd'hui au public une première série sont, en quelque manière, la suite des *Promenades dans la maison et aux alentours,* par lesquelles j'ai cherché, en 1866, à initier mes jeunes amis aux merveilles qu'ils touchent du doigt tous les jours de leur vie, souvent sans les remarquer.

Maintenant que nous nous sommes familiarisés ensemble avec les divers objets qui nous environnent à la ville et aux champs, je les convie à des expéditions plus lointaines. Je leur offre d'explorer avec moi, — au coin du feu, cela s'entend, — les différentes parties du monde et de faire successivement connaissance avec quelques-unes des races qui le peuplent, avec quelques-uns des phénomènes naturels ou des monuments élevés de main d'homme qui s'imposent le plus à notre attention.

Je n'ai guère eu, cette fois encore, qu'à suivre des pilotes habiles, dont la réputation est solidement assise sur la rive droite du Rhin. Les recueils des Grube, des Kletke, des H. Wagner, sont depuis longtemps populaires en Allemagne et y ont fait la récréation, en même temps que l'instruction, de milliers d'enfants petits et grands. Mon but serait atteint si, par cette nouvelle tentative, je parvenais à satisfaire chez mes jeunes compatriotes le même goût pour des délassements intelligents.

Les noms des voyageurs dont les relations, en partie inédites, m'ont fourni la substance de mes récits sont tout au moins, pour ce petit livre, une garantie de scrupuleuse véracité que j'ai le droit et le devoir de relever. Il convient cependant de faire observer qu'à l'exemple de mes devanciers je n'ai emprunté à ces relations souvent très-détaillées que le fond même de mes récits. Pour la forme, je me suis permis des additions et des suppressions toutes les fois que je l'ai jugé nécessaire, et je dois dégager, quant à la rédaction, la responsabilité de mes bienveillants collaborateurs.

Strasbourg, novembre 1869.

ERNEST LEHR.

EUROPE.

T. I, p. 3.

A. Mouillon del.

VUE DU VILLAGE DE KUSMA EN TRANSYLVANIE.

BIBL. IMPÉRIALE

EUROPE.

I.

Une chasse à l'ours en Transylvanie[1].

Par une de ces magnifiques journées d'automne, comme on ne les a qu'en Transylvanie, de ces journées où pas un nuage ne ternit l'azur des cieux, et où toute la nature se colore des teintes les plus suaves et les plus harmonieuses, je faisais une excursion dans la montagne. Je venais de quitter la grande route, de franchir un torrent qui roule ses flots en cinq petits bras différents au milieu des cailloux, et j'étais entré dans une riante vallée latérale. A droite et à gauche, les collines se rapprochaient de plus en plus ; après avoir traversé une forêt de

1. KLETKE, *Länder und Völker*, Berlin, 1860, d'après un article de la *Ostdeutsche Post*.

chênes dans la partie basse de la vallée, on arrive dans une sorte de gorge étroite, aux flancs boisés, mais abrupts, terminée par un amphithéâtre de rochers moussus, à demi éboulés, parmi lesquels montait un chemin pénible. Au milieu des pierres sont enfouies une douzaine de huttes en bois recouvertes de chaume; c'est Kusma en Transylvanie. Au delà du hameau on rencontre une double rangée d'arbres et une façon de route conduisant du hameau au château de M. le baron de L... La maison du baron est tout adossée contre la montagne, au beau milieu des bois, et tout le monde, dans le pays, sait qu'elle s'ouvre de la manière la plus hospitalière aux étrangers comme aux amis. J'y trouvai une joyeuse compagnie de chasseurs, qui en occupait tous les recoins et tuait gaîment son temps en attendant la chasse à l'ours commandée pour le lendemain matin.

Je n'apprends rien à personne, en disant que, dans ces circonstances, chacun fait parade de sa petite expérience cynégétique et tâche de se faire valoir du mieux qu'il peut aux yeux de l'honorable assistance. Moi, qui ai sur la conscience quatre ouvrages sur la chasse, je ne restai naturellement pas en arrière, et je parlai de la chasse à l'ours avec tant d'aplomb, avec une si complète sérénité que le maître de la maison ne put s'empêcher, après souper, de me tenir le petit discours suivant, s'adressant à moi seul, s'entend :

« Ce que vous avez lu sur les ours dans les livres de chasse, me dit-il, après avoir aspiré d'un long tchibouk une énorme bouffée de tabac, peut être d'un palpitant intérêt; mais, croyez-moi, tous ces beaux écrivains n'ont pas plus chassé d'ours que je n'ai tiré de crocodiles.

« Je vais, si vous le voulez, vous raconter une bonne fois autre chose que des anecdotes — on vous en a assez servi à souper — et vous dire la vérité vraie sur la chasse à l'ours, telle que nous la pratiquons dans ce pays-ci.

« Les ours se tiennent ordinairement dans les vieilles forêts de sapins qui couronnent nos montagnes, et qui, avec leurs sombres gorges, leurs rochers et leurs cavernes, leur offrent d'excellents abris. On ne les y chasse même que rarement, tant la région est vaste et accidentée, et tant on a de peine à les y rencontrer. Ils s'y nourrissent d'herbe, de baies ou de bétail; mais, lorsque le froid a gelé l'herbe et les baies des buissons, lorsque les troupeaux quittent les hauteurs, à l'époque où les hêtres laissent tomber leurs faînes, les ours descendent par troupes dans les forêts de hêtres, qui sont situées plus bas, cherchent la nuit leur nourriture, et rentrent vers le matin dans leurs cachettes. Aussi, dans les années comme l'année dernière, où il y a des faînes, on tue peu d'ours; mais dans celles où il n'y en a pas, ce qui est en moyenne le cas 9 fois sur 10, les ours descendent plus bas encore, jusqu'à l'extrême lisière des forêts, à proximité des champs de maïs ou d'avoine, ou dans les forêts de chênes, qui, chez nous, sont relativement à une moindre altitude, ou bien enfin, dans les vignes. Ce qui est curieux, c'est que là où l'ours se considère en quelque sorte comme un hôte pour quelques semaines, de la mi-septembre jusqu'aux premières neiges, il ne s'attaque jamais à l'homme ni au bétail, et se contente d'une nourriture végétale. On le voit quelquefois au beau milieu des troupeaux et, du moins ici à Kusma, il ne leur fait jamais de mal.

« Dire s'il en descend beaucoup, on ne le peut guère; cela varie d'ailleurs d'une année à l'autre. Ce qui est certain, c'est que la race n'est pas encore près de s'éteindre. Il y a trois ans nous n'avons pas fait une battue sans en rencontrer; une fois nous en avons même vu, en deux heures de temps, dix, dont quatre ont été abattus. En quatre jours, une petite troupe de chasseurs en a tiré dix.

« On chasse l'ours, comme le renard, avec des traqueurs ou des chiens.

« On garnit une certaine étendue de forêt ou de taillis, d'un côté, de tireurs, de l'autre de traqueurs. L'ours, chassé par le bruit, se lève et court, presque toujours en ligne droite, à l'encontre des chasseurs; il suffit d'un ou de deux coups pour l'abattre. Ce que l'on dit du danger que courent les chasseurs est en général de pure invention. L'ours, comme toutes les bêtes fauves, craint l'homme, et il ne l'attaque jamais que quand il se trouve avec son adversaire tellement face à face qu'il voit dans une lutte le seul moyen de se sauver. Une lutte semblable est alors sans doute inégale; car l'attaque est si prompte et si violente que le chasseur, après avoir tiré son coup, n'a pas le temps de saisir une autre arme; c'est pourquoi nous n'en emportons pas d'autre que nos carabines. Si les deux coups n'ont pas abattu l'animal, le chasseur est dans une position très-critique; aussi, règle générale, jamais on ne doit tirer sur un ours à plus de dix ou quinze pas. En somme, cette chasse est si peu périlleuse que nos paysans ne craignent pas de l'affronter avec un simple fusil à un coup. L'ours est moins difficile à tuer que d'autres grands animaux, par exemple le lion : une balle qui l'atteint à la poitrine l'étend raide mort.

« J'espère par mon histoire avoir rétabli la réputation des ours; pour nous, du moins, ils sont des hôtes agréables; ils mangent bien un peu de maïs, des glands ou des pommes de pin, mais ne font de mal à personne et sont assurément le plus beau gibier qu'on puisse chasser en Europe. J'ai des ours à cinq cents pas de la maison; la nuit ils passent quelquefois par mon jardin; cela n'a jamais empêché personne de circuler et de jour et de nuit, ni de laisser paître le bétail. Bien souvent on en a rencontré, mais ils n'ont jamais attaqué âme qui vive; ce sont, en un mot, chez nous, des visiteurs inoffensifs. Chez eux, sur les hauteurs, c'est une autre affaire; on ne les y poursuivrait qu'au péril de sa vie.

« Quoique nous vivions ici en si bons termes avec les ours, je veux pourtant vous raconter un fait qui vous prouvera que la circonspection est quelquefois nécessaire : Dans l'épais fourré qui borde la route par laquelle vous avez passé ce matin, un ours avait reçu un coup de feu dans l'épaule; tout à coup il se rencontre face à face avec un autre chasseur, qui, surpris au moment où il s'y attendait le moins, tira à côté. Sans lui laisser le temps de se reconnaître, l'ours se jeta sur lui et se mit à l'étreindre dans ses bras puissants; aux cris du malheureux chasseur accourut mon frère, vieil et habile tireur, qui avait déjà tué deux ours sur le coup, alors que dans leur fureur ils avaient précipité par terre leur adversaire et l'écrasaient de tout leur poids. L'animal se tourna aussitôt vers mon frère avec une rapidité telle qu'il lui arracha sa carabine des mains, avant qu'il eut eu le temps d'ajuster, et dressé sur ses pattes de derrière, il se mit en posture de lui déchirer la figure à coups de griffes. Mon frère ne trouva rien de mieux, tout en se défendant le visage avec un bras, que de lui enfoncer l'autre dans la gueule, de sorte qu'il en fut quitte pour une morsure à l'avant-bras et une profonde écorchure à l'épaule. Pendant ce temps, le premier chasseur asséna à l'ours un coup de crosse si violent sur la tête que l'animal lâcha prise une seconde, ce qui permit à mon frère, tout ensanglanté qu'il fût, de ramasser son fusil et de le décharger à bout portant sur son terrible adversaire : l'ours tomba pour ne plus se relever. — Du reste, ajouta le narrateur, cette aventure ne prouve rien contre ce que je vous disais de la douceur habituelle de l'ours dans ces régions-ci ; car, après tout, il se trouvait cette fois dans le cas de légitime défense. »

La grande salle du château de Kusma était occupée par une douzaine de Nemrods barbus, goûtant, comme j'allais le faire moi-même, quelques heures de sommeil avant les fatigues du lendemain, et couchés au milieu d'un pittoresque désordre de carabines, de fusils de toutes les formes, de poires à poudre, de cartouchières, de selles et de carnassières. Mes rêves se ressentirent naturellement de cet entourage, des récits de la veille et de l'attente du lendemain : je tuai, en cette nuit-là, plus d'ours qu'on n'en avait certainement abattu en cent ans dans le pays. A l'aurore une joyeuse fanfare nous appela tous des songes à la réalité.

Quand je me rendis sur le perron couvert, sans lequel je ne puis guère me représenter un château en Transylvanie, tout était déjà fort animé devant la maison. On voyait aller et venir toute une troupe de rabatteurs saxons et valaques aux costumes bariolés, une quantité de domestiques et de piqueurs; et, au milieu de tout ce monde, les chevaux piaffaient et les chiens aboyaient. Des deux côtés de l'escalier se tenaient les tireurs venus du village voisin, — presque tous des hommes âgés et au visage bronzé, — enveloppés dans leurs manteaux blancs et s'appuyant sur des fusils d'une incroyable longueur. Je considère, pour le dire en passant, ces fusils des paysans transylvains comme des meubles on ne peut plus dangereux pour leur propriétaire : j'en ai vu dont le canon n'était attaché à la crosse que par une ficelle, et dont deux simples clous retenaient la platine.

Je fus interrompu dans mes observations par l'arrivée du maître de la maison et de ses hôtes, tous complétement équipés. Nous enfourchâmes les maigres, mais vigoureux, petits chevaux de montagne qui nous attendaient; la cavalcade s'ébranla, et bientôt on put la voir se dérouler le long des flancs escarpés de la montagne, s'élevant assez rapidement, tantôt, en suivant d'étroits sentiers rocheux, tantôt en coupant à travers des prairies couvertes de rosée; les vives couleurs de nos accoutrements tranchaient vigoureusement sur la teinte sombre des arbres; à l'arrière-plan, et comme encadrement au tableau, on apercevait comme une mer de forêts séculaires.

Arrivés à une clairière, les chasseurs mirent pied à terre et s'avancèrent sans bruit sous le magnifique dôme de verdure que les vieux hêtres formaient au-dessus de leurs têtes. Là on assigna à chacun son poste; nous nous rangeâmes en une longue ligne, à deux ou trois cents pas l'un de l'autre. Déjà pendant la route, nous avions rencontré la piste d'un ours; dans les endroits humides ses pieds avaient laissé une empreinte assez semblable à une main d'homme. Cependant, les traqueurs avaient tourné la montagne, et l'on ne tarda pas à entendre au loin des détonations de pistolet, des sons de trompe, des cris et des aboiements qui annonçaient le commencement du traque : les mille échos de la montagne doublaient tous ces bruits confus.

Le premier fuyard, dans ces cas-là, c'est toujours le renard, qui devine le danger aussitôt qu'il perçoit du plus loin le cri des traqueurs et qui ne manque pas de décamper de toute la vitesse de ses jambes; on le laisse passer sans l'honorer d'un coup de fusil.

Une heure s'était écoulée, la ligne des traqueurs se rapprochait déjà beaucoup et l'on n'avait pas encore brûlé une amorce. Soudain j'entendis à ma droite un bruit de branches cassées, un frôlement dans les feuilles, comme ceux que produirait une bande de bêtes fauves, se frayant un passage au travers d'un fourré. Je retins mon souffle et m'avançant avec précaution de derrière l'énorme hêtre qui me masquait, je vis distinctement les jeunes arbres se rompre comme des roseaux sous l'effort d'un animal que je n'apercevais pas encore, mais dont la route était marquée dans le taillis par un profond sillon. Soudain, à soixante pas devant moi, les broussailles fléchirent, et un magnifique ours brun s'élança sur la petite place herbeuse qui me séparait du fourré; il flaira un instant à droite et à gauche, puis, reprenant sa course, s'éloigna de moi en suivant un petit sentier frayé par le bétail.

Je regrettais déjà, malgré la distance, de n'avoir pas tiré, quand les deux coups de mon voisin de droite partirent l'un après l'autre, et au même moment l'ours passa à côté de moi avec la rapidité de la flèche, brisant tout sur son passage. J'eus à peine le temps de lui envoyer l'une de mes balles. Mais une exclamation joyeuse à ma gauche et un court et profond gémissement de l'animal m'apprirent bientôt qu'elle avait porté juste. Un instant après, j'entendis deux nouveaux coups à ma droite, ce qui prouvait que mon ours avait un compagnon, et comme aucun bruit de branches cassées ne suivit la détonation, j'en conclus que le second animal avait aussi été mortellement atteint. Je pus à peine attendre que les traqueurs nous eussent rejoints et qu'il fût permis de quitter son poste pour aller à la recherche des victimes. En suivant les traces de sang, nous arrivâmes à un épais fourré, où nous trouvâmes mon ours déjà complétement privé de vie. Les paysans se précipitèrent dessus, en poussant des cris de joie, lui lièrent les pattes et l'emportèrent à grand'peine, suspendu à une perche comme un lustre, jusqu'à une clairière où d'éclatantes fanfares ne tardèrent pas à rassembler les chasseurs. Toute vanité à part, ma victime était une bête superbe, pesant plusieurs quintaux; pour un début, ce n'était pas mal. Du reste, la chasse avait bien réussi; car, sur six ours que les traqueurs avaient fait lever, trois, deux gros et un petit, avaient été abattus. Après un temps de repos, pendant lequel les vainqueurs eurent amplement la satisfaction de narrer leurs hauts faits et de recueillir les félicitations de l'assistance, on amena les chevaux, et nous gravîmes sans peine, grâce à nos braves montures, une pente extrêmement raide et qui, à pied, nous aurait exténués. Après une assez longue course, un nouveau traque recommença, bien qu'avec un moindre succès, et à ce deuxième en succédèrent encore deux autres dans la même journée.

Dans le dernier, nous ne rencontrâmes pas d'ours, mais des loups. Jamais je n'oublierai les gémissements déchirants poussés par une jeune louve dont nous venions de tuer le mâle. A peine le coup qui abattit le mâle, était-il parti que j'entendis sortir du fourré voisin un hurlement si lamentable et si sauvage qu'il me perça le cœur; mes compagnons éprouvèrent la même sensation: c'est comme si la bête avait eu la poitrine brisée. On se hâta de cerner le lieu d'où le cri était parti, mais toutes les recherches furent vaines : la louve resta invisible.

A la nuit tombante, nous reprîmes le chemin du château. Les futaies sous lesquelles nous eûmes à chevaucher pendant plusieurs heures étaient devenues promptement si sombres que nous distinguions à peine la tête de nos montures. Il ne pouvait être question de les diriger et pourtant elles avancèrent, de leur pas ferme et sûr, sans broncher une seule fois, au milieu des racines, des fossés, des arbres brisés et malgré des pentes d'une raideur vertigineuse. Nous nous retrouvâmes tous, gais et dispos, autour d'un excellent souper, auquel, j'ai à peine besoin de le dire, nous fîmes largement honneur après une journée aussi bien remplie.

T. I, p. 19. A Mouillon del.

LE PASSAGE DU HARDANGER-FJELD.

II.

Passage du Hardanger-Fjeld (Alpes scandinaves), en Norwége[1].

Les nuages descendaient fort bas sur les montagnes, et les vallées étaient noyées dans le brouillard. Le brave Gunnuf, notre guide, secoua la tête d'un air significatif et pronostiqua la pluie. Nous n'ignorions nullement les dangers et les difficultés d'une entreprise comme celle que nous méditions : le passage du Hardanger-Fjeld est une tout autre affaire que celui des montagnes de la Suisse. On franchit le mont Cenis ou le Simplon avec toutes ses aises, dans une bonne voiture suspendue, et les routes moins fréquentées, telles que le Saint-Gothard ou le Splügen,

1. D'après l'ouvrage anglais de FORESTER, *la Norwége et son peuple.*

ne demandent pas plus d'une journée; partout la voie est nettement tracée, et l'on rencontre de distance en distance, ainsi qu'au sommet, des *refuges*, c'est-à-dire des maisons hospitalières où l'on trouve aide et abri en cas de besoin. Dans le passage des monts Hardangs, on parcourt quelque douze milles norwégiens, c'est-à-dire environ 120 kilomètres, sans voir une habitation humaine; nul sentier n'est frayé au milieu de leurs vastes plateaux, de leurs rochers, de leurs champs de neige et de leurs marais. Les seuls abris qu'on rencontre sont les *Laeger,* huttes de pierre inhabitées, complétement isolées, et qui n'offrent d'autres ressources que leurs quatre murs nus. C'est là qu'on est réduit à se garer en cas de mauvais temps et pendant la nuit que, vu la longueur du voyage, on ne peut éviter de passer dans ces hauteurs; encore n'a-t-on pas toujours le bonheur de faire tout le trajet en trente-six heures. D'un autre côté, les tourbillons de neige qui s'accumulent dans les profondes déchirures des rochers, sont souvent perfides; survienne un coup de vent ou un brouillard, le voyageur risque de s'égarer et d'errer jusqu'à ce qu'épuisé par le froid et la fatigue, il ne soit plus à même d'éviter les passages dangereux; il existe toute une série d'exemples, malheureusement avérés, de voyageurs qui ont péri en cherchant à franchir ces montagnes. A ces périls très-réels les gens du pays en associent d'autres plus effrayants encore, mais de l'ordre surnaturel; ils racontent toutes sortes d'histoires où les âmes des victimes d'accidents jouent un grand rôle : on les voit voltiger sur l'aile des vents et elles mêlent leurs gémissements aux hurlements de la tempête. Puis les légendes parlent d'êtres malfaisants qui habitent les sombres cavernes de la montagne et attirent les hommes dans leurs demeures souterraines pour les faire périr; de maisons et de fermes qui apparaissent soudain dans ces solitudes et s'évanouissent comme un mirage, à mesure qu'on s'en approche. Il n'est pas rare de trouver encore chez les Norwégiens de nos jours des traces de ces antiques superstitions. Que nos guides fussent ou non sous l'empire de ces préoccupations imaginaires, les phénomènes naturels qui se produisent dans les hautes régions que nous voulions visiter, étaient déjà par eux-mêmes de nature à exercer sur leurs esprits une forte impression, et il fallait de la résolution pour aller au-devant d'une semblable entreprise. Tout dépendait du temps, et les avis de ceux qui avaient de l'apparence du ciel en Norwége plus d'expérience que nous, ne nous enlevaient pas toute appréhension. Mais quoique les pronostics ne fussent pas pour le moment très-favorables, Gunnuf ne se montra point découragé. Il fit tous les préparatifs du départ et se borna, par précaution, à nous adjoindre un jeune homme et un cheval de plus. On chargea sur ce cheval quelques provisions de bouche, un sac plein d'ustensiles divers et les peaux de mouton qui devaient servir de lits aux guides.

Après que nous eûmes quitté la ferme de Kevenna, notre guide, au lieu de suivre la vallée principale, prit un chemin qui allait droit au nord, au travers d'une forêt de bouleaux. Il pleuvait à verse; nous nous enveloppâmes dans nos manteaux, fermement résignés à toutes les éventualités. Bientôt nous eûmes atteint une sorte de plateau marécageux, où notre compagnon de route quitta le chemin pour visiter le *Saeter* dans le voisinage duquel paissaient alors les vaches de Kevenna. Comme notre sentier montait très-raide, nous ne tardâmes pas à sortir des bouleaux et nous ne rencontrâmes plus, en fait de buissons, que des saules nains et des myrtes de marais; la flore était, en général, tout autre que plus bas, mais nous offrit quelques plantes nouvelles d'une beauté hors ligne. Au bout d'une heure nous arrivâmes à un plateau rocheux, n'offrant plus trace de terre végétale et profondément crevassé : nous étions alors au-dessus de la région des nuages; la pluie avait cessé et le temps commençait à s'éclaircir.

Mon ami voyageait avec une excellente boussole; c'est un instrument presque indispensable quand on parcourt des contrées sauvages et encore inexplorées, et, dans nos courses antérieures, nous y avions déjà souvent recouru pour trouver notre chemin. Dans notre voyage actuel, il s'en servait pour une sorte de reconnaissance militaire, notant de distance en distance la position et la hauteur de notre chemin. Il lui arrivait souvent, à raison même de ces observations, de rester un peu en arrière, et il m'a raconté qu'il eut parfois beaucoup de peine à rattraper notre petite caravane : il n'y parvint un jour qu'en suivant les traces de nos pas dans la neige. Le guide se dirigeait d'après certains signes, certaines pointes de rocher qu'il apercevait à une distance déterminée, à droite, à gauche ou devant lui. D'autres fois il reconnaissait sa route à quelques pierres entassées à cet effet en forme de pyramides; mais tous ces signaux étaient peu nombreux, peu apparents, et nous ne pouvions assez admirer avec quelle sûreté de coup d'œil il savait démêler son chemin et avec quelle promptitude il le retrouvait, quand il lui arrivait par hasard de s'en écarter un moment, ce qui ne m'empêchait pas de songer quelquefois à part moi en frissonnant à l'épouvantable sort des voyageurs qui pouvaient se trouver surpris par les brouillards ou des ouragans de neige dans ces solitudes sans nul sentier frayé. De quel prix inestimable n'est pas alors un instrument qui indique tout au moins la direction à suivre!

Nous étions arrivés à une hauteur où, à part les mousses et les lichens, toute végétation avait cessé. Mais ces deux pauvres petites plantes formaient souvent sur de vastes surfaces des tapis plus riches de couleurs et plus moelleux que les plus beaux produits de nos manufactures. Nous rencontrâmes de nombreuses traces de lemmings, curieux petits animaux que je crois particuliers à la presqu'île scandinave et dont les ravages, quand ils descendent en grandes troupes dans les vallées, sont aussi redoutés des paysans du Nord que ceux des nuées de sauterelles dans le Midi.

Le lemming n'est pas plus gros que le rat, et habite, à ce que l'on suppose, la chaîne de montagnes qui, sous le nom d'Alpes scandinaves, sépare la Norwége de la Suède. Il a quinze centimètres de long, de petites oreilles rondes et une longue barbe noire. Son dos est d'un brun rougeâtre mêlé de noir, son ventre jaunâtre. La queue du lemming est courte : elle ne mesure qu'un ou deux centimètres. Ses pieds sont munis de cinq doigts. Il a la lèvre supérieure fendue, et chaque mâchoire porte deux dents.

L'apparition de ces animaux est tout à fait soudaine et indéterminée, quelquefois on reste vingt ans sans en voir, tandis qu'ailleurs on en rencontre tous les trois ou quatre ans. Mais quand ils entreprennent leurs migrations, c'est en bandes tellement nombreuses que le pays en est littéralement couvert. Ils vont tout droit devant eux sans se laisser détourner par aucun obstacle ; on prétend même qu'ils franchissent les fleuves, la tête de colonne se soutenant sur l'eau en nageant et servant de pont au gros de l'armée. Ils se tiennent de préférence sur les hautes montagnes où ils ne risquent pas, comme dans les plaines et les vallées, que leurs galeries soient périodiquement submergées à la fonte des neiges.

Un préjugé général dans les basses classes est que les bandes de lemmings tombent des nuages, et il ne manque pas de vieilles gens pour affirmer qu'ils les en ont vus tomber de leurs propres yeux. On considère aussi leur apparition comme le signe précurseur de guerres et, en général, de toute sorte de fléaux. Quant à ce dernier point, la superstition populaire n'est pas en défaut, car effectivement lorsque les lemmings envahissent un canton cultivé, ils anéantissent complétement toutes les récoltes, toute la végétation.

Autrefois le clergé se servait, pour combattre le fléau, d'une assez singulière formule d'exorcisme, à laquelle s'ajoutaient des jeûnes solennels: «Je vous adjure, pernicieux ani-«maux, au nom de Dieu le Père, etc., de vous «retirer instantanément de ces champs et de «n'y pas séjourner plus longtemps, mais de «vous retirer dans les lieux où vous ne pour-«rez faire de tort à personne, et, au nom du «Dieu Tout-Puissant, de tout le chœur céleste «et de la sainte Église de Dieu, je vous maudis «en quelque endroit que vous alliez, afin que «votre nombre diminue de jour en jour jus-«qu'à ce qu'il ne reste plus trace de vous.

«Celui-là le veuille qui doit venir pour juger «les vivants et les morts et le monde par le «feu. Amen.»

Après une montée d'environ quatre heures, nous atteignîmes la région des neiges éternelles. La neige couvrait les cimes, s'étendait en vastes champs sur le flanc des rochers et remplissait les profondes crevasses qui croisaient notre chemin, mais elle était solide et cassante de sorte que nous n'avions pas d'appréhensions à concevoir. Notre bon Gunnuf ouvrait bravement la marche; d'ordinaire je le suivais de près; puis venait le cheval avec son jeune conducteur. Mon ami était le dernier, restant souvent à une grande distance en arrière quand il avait trouvé quelque chose à observer. Nous étions parvenus à la plus haute altitude de notre route: de treize à quatorze cents mètres au-dessus du niveau de la mer. Le panorama qui s'étendait autour de nous était d'une solitude et d'une tristesse qui dépassent l'imagination. On ne voyait autre chose que des rochers gris dépouillés de toute espèce de végétation et sur lesquels ne se détachaient que le blanc des flaques de neige et la couleur noire du sol. De quelque côté qu'on se tournât, on était en face d'un véritable chaos de roches au milieu desquelles il était impossible de dire d'avance où le chemin pouvait être le plus sûr ou le moins pénible. Toutefois si dépouillée que se montrât la nature, si grandes que fussent les difficultés à vaincre, j'étais pourtant pleinement sous l'empire des sensations que de Saussure dit aussi avoir éprouvées dans les hautes Alpes et que j'avais déjà ressenties moi-même dans mes précédentes ascensions. L'incomparable pureté de l'air, cette solitude à perte de vue, et la proportion grandiose de tous les objets remplissent l'âme, dans ces régions élevées, d'un sentiment de calme et de paix, de liberté et de respect. Il semble qu'on plane au-dessus de l'atmosphère épaisse où s'agitent sans cesse les soucis et les misères du monde, qu'on est affranchi du joug des passions, qu'on échappe à toutes les influences mesquines ou vulgaires et que l'esprit, profondément pénétré de son insignifiance, s'incline humblement devant la sublime majesté de la nature et du Créateur.

Peu après avoir franchi ces hauteurs, nous arrivâmes, en descendant, au bord d'un lac, et les contours du paysage perdirent un peu de leur austérité : nous aperçûmes une pente de montagne toute verdoyante sur laquelle paissait un troupeau de bœufs. Mais ce gracieux intermède ne dura pas longtemps, la nature ne tarda pas à reprendre son aspect désolé : nous avions devant nous une vaste solitude bordée par des mamelons neigeux. Le sol offrait une série de dépressions qui, vues de haut, rappelaient les vagues de la mer, et au fond desquelles se trouvaient de petits lacs ou des marais. Vers midi, nous nous arrêtâmes au bord d'un de ces lacs devant une hutte ou *laeger*, consistant en une excavation creusée dans la rive fort escarpée du lac, et fermée par devant par une sorte de mur d'une construction très-primitive. Ce gîte avait une apparence tellement misérable que nous aimâmes mieux nous coucher tout simplement par terre sous un rocher qui formait saillie.

Nous nous permîmes là, malgré le froid, un petit somme tandis que nos chevaux cherchaient entre les pierres une maigre pâture. Lorsque nous reprîmes notre marche, nous quittâmes finalement le haut plateau, et inclinant vers le nord, nous franchîmes la crête de montagne au-dessus du lac. Plus nous avançâmes, plus le pays devint sauvage, et le chemin pénible. La neige qui remplissait les gorges était plus molle que sur les hauteurs, et Gunnuf avait toujours soin de l'essayer avec son bâton avant de nous laisser nous y aventurer. Par-ci par-là le sol, détrempé par la neige fondue, manquait de consistance; nos chevaux glissaient, et nous avions du mal à avancer. Nous eûmes, en outre, à franchir un nombre infini de ruisseaux et deux rivières si rapides qu'il nous fallut de véritables efforts pour résister au courant. L'un de nos guides et moi, nous les passâmes à cheval; mon ami et l'autre guide préférèrent les passer à pied, mais ils eurent de l'eau jusqu'au milieu du corps. Enfin nous atteignîmes le Normands-Laagen, vaste étendue d'eau dont nous côtoyâmes pendant plusieurs heures la rive méridionale, sans, du reste, nous astreindre à rester tout près du bord, car le terrain était si peu uni qu'il nous fallut souvent nous détourner à cause des obstacles qui se dressaient devant nous. Si le Miœs-Vand est l'idéal de la solitude, on peut dire du Normands-Laagen qu'il réalise l'idéal d'un lieu désert: c'était comme si nous étions arrivés aux extrêmes limites de la création; on a peine à s'imaginer que même des contrées encore plus septentrionales puissent offrir un aspect plus complétement désert, plus mort. Il n'y avait nulle part la moindre trace de vie: des neiges éternelles, les sombres eaux du lac et, à l'entour, des rochers gris et dépouillés, voilà tout ce qu'on apercevait aussi loin que l'œil pouvait porter. Nous n'eûmes qu'une seule fois, pour varier et égayer ce morne tableau, le plaisir de voir les nuages se fendre un moment et découvrir à nos yeux, dans le lointain, une chaîne de montagnes qui se dirigeait vers l'est et que doraient les rayons du soleil couchant: ces rayons, hélas!

n'arrivaient pas jusqu'à nous. Bien au contraire, les nuages ne tardèrent pas à s'épaissir au-dessus de nos têtes, et une pluie diluvienne acheva de nous transir : c'était, on peut le dire, le dernier coup de pinceau donné au tableau. Nous croyions avoir encore une assez longue traite à fournir en dépit des éléments déchaînés (et il était huit heures du soir), quand soudain notre guide s'arrêta devant une pauvre hutte adossée contre la rive escarpée du lac, en nous annonçant que nous avions atteint notre gîte de cette nuit-là.

Si indispensables que nous fussent à ce moment quelques heures de repos et un abri, j'avoue que j'eus un instant de saisissement à l'aspect de cette misérable baraque : il fallait se baisser pour entrer, et l'intérieur mesurait à peine neuf pieds de côté. Les murs étaient en pierres sèches par les interstices desquelles sifflait le vent. Le toit, également en pierres, présentait au milieu une ouverture pour laisser s'échapper la fumée. Tout, à l'intérieur, suintait d'humidité, et sur le sol glaiseux il n'y avait qu'un peu de paille à moitié pourrie : cela n'était pas gai. Nous étions mouillés jusqu'aux os, tout transis de froid, affamés, brisés par les fatigues de la journée qui s'ajoutaient à celles de deux jours de courses précédents, et depuis quarante-huit heures nous ne nous étions pas déshabillés. Moi, pour ma part, j'avais eu beaucoup à supporter pendant le long trajet que nous venions de parcourir, et un lit de paille humide m'effrayait parce que j'en redoutais d'autres suites encore que de simples rhumatismes passagers. Mon ami n'avait pas le même genre de soucis à cet égard, mais il avait fait à pied toute la route depuis Däl, il venait de se transpercer d'eau glaciale au passage des dernières rivières, et ne se trouvait pas, en conséquence, pour le moment dans de meilleures conditions que moi.

Pourtant nous n'avions guère le temps de nous laisser aller au désespoir : dans une aussi épouvantable solitude, il fallait déjà être reconnaissant d'avoir un abri, si défectueux qu'il fût. Nous lâchâmes nos pauvres chevaux, afin qu'ils pussent chercher à se restaurer tant bien que mal sur le penchant de la montagne. Notre gourde d'eau-de-vie avait été renversée par suite de l'un des incidents du voyage et avait perdu la plus grande partie de son contenu. Toutefois il y restait encore quelques gouttes de liqueur que nous absorbâmes avec délices. Nos gens allèrent chercher un fagot de myrte des marais et finirent à grand'peine par faire flamber ce bois vert; mais alors commença pour nous un autre supplice : une fumée tellement épaisse remplit la hutte que nous en fûmes littéralement asphyxiés. Nos yeux étaient irrités au point que les larmes inondaient notre visage, et il nous fallut plus d'une fois nous précipiter dehors pour chercher en plein air un moment de soulagement. Notre premier soin fut de déposer nos vêtements mouillés et de les remplacer par ceux que contenait notre petite valise : c'était, dans l'étroit enclos où nous nous trouvions à quatre, et n'ayant pour nous asseoir qu'une pierre s'élevant de six pouces au-dessus d'un sol tout détrempé, une opération assez longue et assez difficile que d'ôter avec nos doigts raidis par le froid des vêtements qui collaient sur nous; mais je dois certainement à cette précaution d'avoir échappé au mal que je redoutais. Pendant ce temps le feu, qui à chaque nouvelle brassée de bois vert dégageait une épaisse colonne de fumée, s'était peu à peu converti en un brasier ardent, et quand notre toilette fut achevée, il nous fallut songer à notre souper. Nous plaçâmes sur la braise notre chaudron de campagne avec une bonne portion de gelée de bouillon et de riz; le mélange ne tarda pas à cuire et nous nous mîmes à manger notre bon potage chaud, non pas avec des cuillers, — car nous avions laissé les nôtres à notre dernière station, — mais avec des fragments de bouleau façonnés à la hâte, de façon à en tenir lieu. De leur côté, Gunnuf et son compagnon se régalèrent de pain, de beurre et de fromage, dont nous avions sur notre cheval de somme une forte provision; et, après avoir étendu une partie de leurs vêtements autour des débris du feu, après avoir fermé l'ouverture qui donnait issue à la fumée, ils s'enveloppèrent dans leurs peaux de mouton, se couchèrent l'un près de l'autre dans un coin de la hutte et ne tardèrent pas à partir pour le pays des songes. A leur exemple, nous cherchâmes à nous organiser de notre mieux pour le repos dont nous avions si grand besoin, mais nous n'avions pour grabat que de la paille humide, nos légers pardessus en guise de couvertures et nos valises comme oreillers... Pendant assez longtemps j'écoutai le vent dont les furieuses rafales venaient balayer notre toit et se faisaient sentir jusqu'à nous à travers les fentes de nos murailles; mais, épuisé par toutes les fatigues des journées précédentes, je finis aussi par tomber dans un profond et paisible sommeil.

J'avais fortement insisté auprès de nos guides sur la nécessité de nous remettre en route de bon matin; toutefois il était tout près de cinq heures quand je me levai et sortis de la hutte. L'ouragan s'était apaisé; mais les sombres eaux du lac et les rochers nus conservaient à la froide lumière du matin leur même aspect de tristesse. Au-dessus du lac, vers le nord, se dressait le haut dôme neigeux du Hallings-Jokelen. Mon ami et les deux guides dormaient encore; je finis par les réveiller et les engageai à se préparer au départ. On ralluma le feu, on fit du chocolat, on rechargea le bagage sur les chevaux, et nous quittâmes notre station de Bessaboo avec de tout autres sentiments que ceux qui nous animaient la veille au moment où nous en franchissions le seuil.

Notre chemin continuait à longer les rives arides du Normands-Laagen. Pendant plusieurs heures nous passâmes à travers des rochers, des marais et des enfoncements remplis d'une neige molle et par là même perfide. Ensuite nous inclinâmes vers le sud, nous franchîmes une crête de rochers et eûmes enfin la satisfaction de rencontrer un ruisseau coulant vers l'ouest : nous avions atteint la ligne de démarcation entre le bassin du Scagerrak et celui de la mer du Nord. Peu après nous nous croisâmes avec des vaches qui paissaient sur la montagne. A nos pieds s'étendait une verte vallée dans laquelle nous descendîmes et où nous trouvâmes à nous reposer et à nous désaltérer avec d'excellent lait; il était environ midi. Nous nous félicitions d'avoir enfin rejoint la zone habitée sur le versant occidental de la chaîne, et nous présumions que notre descente jusqu'aux bords du Fjord serait rapide et facile; car, depuis les hauteurs d'où nous venions, nous avions pu suivre des yeux le cours du ruisseau à travers une longue suite de gorges au fond desquelles il coulait et qui avaient exactement la direction que nous devions suivre nous-mêmes dans la vallée.

Mais cette attente ne se réalisa pas et nous eûmes à supporter encore une longue et pénible journée de voyage. La rivière se jetait effectivement dans le Hardanger-Fjord à l'endroit vers lequel nous nous dirigions; mais les gorges étaient absolument impraticables, et, au lieu de suivre son cours, il nous fallut longer sur la droite une série de crêtes rocheuses, dans une contrée dépourvue de toute végétation. A trois heures de l'après-midi, nous descendîmes de nouveau dans une jolie vallée, qui formait un bassin de quarante à cinquante arpents, couvert de gras pâturages et animé par des troupeaux de vaches et de chèvres: ce fut pour nos chevaux fatigués et affamés une précieuse station. Au bord d'un ruisseau murmurant se trouvait une ferme, nous nous étendîmes au soleil sur une plate-forme de rocher et l'on nous y servit un énorme bol de lait qui nous parut délicieux. Depuis plusieurs jours, nous nous étions nourris, à part un peu de bouillon de temps en temps, presque exclusivement de lait et de farinages, et nous trouvâmes ces modestes aliments, non-seulement parfaitement appropriés à la vie de fatigues que nous menions, mais encore réellement nourrissants et fortifiants : nous nous sentions mieux portants et plus dispos que nous n'aurions pu l'être avec des boissons et des aliments plus artificiels.

Quoique nous nous fussions bien restaurés, ce n'est pas sans regret que nous reprîmes notre route. Nous traversâmes le fond de la vallée et nous eûmes à gravir, avec nos jambes raidies par la fatigue, la montagne escarpée qui se trouvait de l'autre côté : elle était toute tapissée de petites violettes jaunes. Au sommet recommença pour nous une longue traite à travers des rochers, sur des crêtes tout à fait dépouillées et avec des champs de neige par-ci par-là. Nos pauvres chevaux étaient littéralement épuisés; cette partie du voyage fut pour nous plus pénible que je ne saurais le dire.

Après deux longues heures, nous eûmes le plaisir d'arriver à une belle forêt de bouleaux, qui, d'après notre estimation, devait se trouver à une altitude d'environ 1,200 mètres; elle couvrait les pentes d'une gorge profonde dans laquelle nous pûmes descendre par un sentier qui avait enfin de nouveau l'apparence d'un chemin frayé, bien que certaines parties en fussent détrempées par les eaux et d'autres d'une raideur, d'une inégalité et d'un *raboteux* désespérants. Mais, par compensation, nous jouissions d'une vue ravissante; à chaque détour de la vallée, un nouveau paysage se déroulait devant nos yeux : tantôt des torrents qui se précipitaient d'une hauteur incommensurable, en écumant et en grondant, tantôt de belles forêts de bouleaux, tantôt de majestueuses masses de rochers, tantôt, enfin, les flots azurés du Hardanger-Fjord. L'un de ces torrents, qui formait une cascade de deux à trois cents mètres, sortait d'une fente de rocher dont les parois mesuraient certainement quatre cents mètres d'élévation. Nous eûmes à le franchir; il était large et profond, et ce n'est pas sans peine que, grâce à nos bonnes et patientes montures, nous parvînmes sains et saufs sur l'autre bord. J'ai rarement vu de paysage plus sauvage et plus grandiose que celui-là, ce qui n'empêche pas que cette succession de montées et de descentes par des chemins impossibles ne finît par me briser: je me sentais réellement anéanti et j'admirais que nos chevaux eussent encore la force de gravir ou de descendre de véritables escaliers taillés dans le roc sous un angle de 45°. Les ombres de la nuit commençaient à s'étendre dans notre étroite vallée, quand, à force de descendre, nous finîmes par atteindre une plaine encadrée de trois côtés par des murs de rochers, mais ouverte du quatrième; du moins à l'ouest n'était-elle barrée que par une digue qui se reliait à droite et à gauche aux contre-forts de la montagne et qui retenait les eaux de plusieurs cours d'eau de manière à en former un petit lac. De là ces eaux s'écoulaient au travers de la vallée en un seul et large torrent dont des buissons d'aunes et de bouleaux marquaient au loin le sillon. Au milieu de la vallée était situé un hameau de six ou huit maisons, parmi lesquelles se faisait remarquer d'emblée l'auberge placée sur une petite éminence. Notre caravane, à cet aspect, ne tarda pas à se masser, car, après un voyage aussi fatigant, nous éprouvions tous un égal besoin de repos et de délassement, et l'espoir d'en jouir prochainement nous avait tous électrisés. Moi, pour ma part, je franchis le seuil hospitalier de l'hôtellerie avec autant de bonheur que le noyé s'accroche à la branche qui va le sauver, et, rassemblant mes dernières forces, j'escaladai le raide escalier qui conduisait à la salle à manger.

Ainsi finit notre passage du Hardanger-Fjeld.

T. I, p. 45. A. Monillon del.

LE CAP NORD.

III.

Le cap Nord[1].

Lorsque le 26 juillet, au matin, je montai sur le pont du navire, nous nous trouvions dans l'étroit canal qui sépare de la terre ferme l'île Mageroë, dont la pointe la plus septentrionale est le cap Nord. A droite et à gauche s'élevaient de hautes falaises dépouillées dont la neige remplissait toutes les fentes. Point d'arbre, pas même un pauvre buisson ; à peine, par-ci par-là, un peu de mousse ou quelques places couvertes d'un maigre herbage. Nulle trace non plus d'une habitation humaine, point de voile à l'horizon : le cri des mouettes troublait seul un silence de mort. Dans ces régions meurtrières, où le scorbut enlève sou-

1. D'après B. Taylor, *Nordische Reisen, Sommer- und Winterbilder aus Schweden, Lappland und Norwegen*, Leipsick, 1858.

vent la moitié de la population, où les ecclésiastiques venus du sud de la Norwége résistent rarement à plus d'un an de séjour, où nulle plante n'arrive à maturité, où les vents glacés du nord neutralisent tout germe de vie, il est remarquable que la Providence, par des moyens spéciaux, ait pourvu avec une véritable abondance à l'entretien des rares mortels assez courageux pour affronter les rigueurs du climat. La mer et les fiords sont extraordinairement poissonneux, et les espèces qu'on y rencontre, tout en offrant une nourriture délicate et substantielle, fournissent, en outre, toute sorte de substances d'une vente avantageuse. Puis le Gulfstream, qui traverse l'océan Atlantique sur une longueur de sept ou huit cents myriamètres, se charge de charrier jusque sur les côtes septentrionales de la Norwége d'inépuisables provisions de combustible provenant des forêts vierges des régions tropicales, si bien que de pauvres pêcheurs se chauffent avec des palmiers d'Haïti, de l'acajou d'Honduras et tous les bois précieux qui croissent sur les bords de l'Orénoque et du fleuve des Amazones.

Bien qu'il fût onze heures du soir, Speaholt resplendissait comme du métal en fusion, et les nuées d'oiseaux qui regagnaient leurs gîtes, en décrivant de grands orbes dans les airs, brillaient sous les rayons du soleil nocturne comme autant de points d'or. Vers le nord on apercevait au-dessus de l'horizon le soleil couché dans un lit de safran. Quelques bandes de nuages d'un jaune orange éblouissant flottaient au-dessus de son disque, et un peu plus haut encore, là où le jaune clair se fondait dans le bleu en passant par des teintes rosées, étaient suspendues de légères vapeurs à peine colorées en rouge pâle. La mer ressemblait à un tissu de soie couleur d'ardoise dont le fond mat aurait été broché d'or et d'argent : des myriades de petites vagues réfléchissaient les rayons mourants de l'astre du jour. Toute l'atmosphère semblait imprégnée d'une douce et mystérieuse lueur : même au midi l'azur du ciel n'apparaissait qu'au travers d'une sorte de réseau doré et le sommet des falaises semblait couronné d'un nimbe lumineux. Devant nous, au nord-est, à une grande distance encore, se dressait en pleine lumière Nordkyn, la pointe la plus septentrionale du continent européen; et, au moment où nos montres marquèrent minuit, nous aperçûmes à l'ouest une longue crête de rochers d'un rouge pourpre s'élevant verticalement à trois cents mètres au-dessus du niveau de la mer: c'était le cap Nord. Juste entre ces deux magnifiques promontoires se trouvait le soleil de minuit brillant d'un doux éclat et déversant sur nous des teintes dont je renonce à décrire la richesse, car elles avaient tout à la fois la splendeur du lever et du coucher du soleil.

Après avoir fait très-large la part de l'admiration, je me permettrai pourtant d'avouer franchement que je préfère de beaucoup nos vraies nuits, nos nuits étoilées à toutes les splendeurs du soleil de minuit. L'absence d'obscurité finit par vous troubler, par vous enlever toute notion du temps. On ne connaît plus de vrai sommeil, on se sent à la fois fatigué et surexcité; si l'on parvient à s'endormir, on se réveille à toute minute; aussi, après avoir dormi huit heures de ce sommeil inquiet, se lève-t-on plus las qu'on ne l'était en se couchant; lors même qu'à tout prendre, on donne sur les vingt-quatre heures autant de temps au sommeil que d'ordinaire, on n'en est pas moins dans une sorte de fièvre et de malaise continuel. Au commencement on se figure que rien ne doit être plus agréable que ce jour sans fin: on ne perd jamais rien de ce qui se passe d'intéressant auprès de soi, on peut lire et écrire quand il vous en prend fantaisie; on n'est jamais pressé pour rien, car on a toujours du temps pour tout, et l'on n'a pas à se hâter pour finir avant la nuit sa tâche de la journée, puisque la nuit n'arrive point. On ne s'attarde donc jamais, et c'est comme si l'on avait un poids de moins sur les épaules. Mais, au bout de peu de temps, on voudrait cesser de voir, d'entendre, d'observer, voire même de s'amuser. On a soif de ce repos forcé que l'obscurité amène avec elle et qui retrempe véritablement les forces.

Valsoë est une localité d'environ huit cents âmes, située sur un penchant de montagne complétement nu et offrant dans son petit port un abri sûr aux navires d'un faible tirant d'eau. La végétation y est pour ainsi dire inconnue, car la neige ne fond que pendant trois mois de l'année; en juin elle couvre encore tout le pays, et dès la fin de septembre elle recommence à tomber. C'est, du reste, le propre de toute la partie septentrionale de la Norwége. Je n'oublierai jamais avec quel naïf orgueil un négociant de Hammerfest me montrait dans son jardin un pauvre petit chêne rabougri de moins de trois mètres de haut, en me disant : « Eh ! vous voyez que nous ne manquons pas d'arbres ici. Un peu plus haut, dans la vallée, nous avons même toute une forêt. » Je fus curieux de voir cette forêt et j'eus grand'peine à découvrir un bouquet de bois, dont chaque arbre avait à peine ma taille, avec des troncs gros comme le bras. Au lieu du doux parfum des fleurs, on ne savoure dans ces régions, pendant les quatre mois d'été, d'autre odeur que celle de la morue qu'on sèche en plein air.

Plus au sud, il en est tout autrement : l'été

semble vouloir compenser par son intensité ce qui lui manque quant à la durée; les chaleurs sont très-fortes, et la végétation, activée par une température toute méridionale, se développe avec une rapidité à laquelle nos climats tempérés ne nous habituent pas. Ainsi, dans les îles Lofodden, les pommes de terre, le seigle et l'orge germent, croissent et mûrissent dans ce court espace de temps; et, en général, on y cultive avec succès toutes les plantes potagères un peu résistantes; on cueille, sous le 70° de latitude, des choux-fleurs qui n'ont rien à envier aux plus délicats de la France et de l'Allemagne.

ASIE.

ASIE.

I.

Un typhon dans les mers de la Chine.

Épisode du voyage de circumnavigation de la frégate autrichienne *la Novarra*[1].

Le 18 août, jour de naissance de l'empereur (François-Joseph, d'Autriche), le soleil se leva radieux. Tout avait été préparé pour célébrer dignement cet anniversaire, même en mer, par un service religieux solennel et par un grand dîner que nous offrait le commandant. Mais la nature tenait en réserve d'autres spectacles pour graver à jamais dans les annales de la *Novarra* le souvenir de la fête de l'empereur.

Dès huit heures du matin, le vent du nord-est était si frais qu'il fallut carguer les voiles

1. Kletke, *Länder und Völker*, Berlin, 1860, d'après un article du docteur F. Hochstetter.

de perroquet volant et, bientôt après, celles de perroquet. La mer devint plus grosse de minute en minute ; quand arriva l'heure du *Te Deum*, la frégate roulait tellement qu'elle embarquait de l'eau par les sabords : il fut impossible de tenir le service divin. Le baromètre, fort agité, tomba de plus en plus bas ; le vent, inclinant légèrement vers le nord, ne cessa d'augmenter de violence : il chassait des lambeaux de nuage devant lui avec la rapidité de la flèche sur le ciel encore bleu. Tout annonçait une tourmente. Pourtant nous atteignîmes sans incident particulier l'heure du dîner, quatre heures de l'après-midi, et tous les invités se réunirent dans la salle du banquet. Mais quelle scène les y attendait !

Le navire était si épouvantablement secoué que tout ce qui n'était pas solidement arrimé roulait pêle-mêle d'un bout de la pièce à l'autre, hommes et choses. Les hôtes eux-mêmes, surpris par le roulis, furent précipités par terre avec leurs chaises et leurs fauteuils; heureusement on put constater, pendant un moment de calme relatif, qu'il n'y avait de jambes cassées qu'aux meubles et que nous tous nous étions restés entiers. Tel fut le commencement du repas. On ramassa les débris, on les consolida tant bien que mal, et la société s'assit autour de la table, sur laquelle naturellement rien ne tenait que la nappe, chacun cherchant à se caler de son mieux. Quiconque n'a pas assisté à de semblables scènes en mer, comprendra difficilement comment il fut possible de dîner dans ces conditions, et une maîtresse de maison jetterait les hauts cris si on lui disait tout ce qu'il a été brisé de vaisselle et de verrerie pendant ce festin mémorable.

Bien certainement la fête de Sa Majesté n'a jamais été célébrée autour d'une table aussi agitée, et les cris enthousiastes de *Vive l'empereur!* n'ont jamais été aussi énergiquement accompagnés par le fracas dès vagues et le sifflement de la tempête. Il y avait dans nos vivat une animation particulière qui s'accrut encore lorsque, en dépit des éléments déchaînés, la musique entonna avec sûreté et avec netteté notre magnifique hymne national.

Quand nous nous levâmes de table, l'ouragan était déjà dans toute sa furie; mais une désagréable surprise nous attendait sur le pont : nous ne tardâmes pas à nous convaincre que nous n'avions pas affaire à une simple tempête, mais que la mer de Chine, jusqu'alors si gracieuse pour nous, nous réservait pour ses adieux, et comme pour justifier sa réputation douteuse, un de ces épouvantables météores que les Chinois connaissent sous le nom de *typhon* (c'est-à-dire grand vent).

Les typhons des mers de la Chine qui éclatent le plus fréquemment à l'époque où la mousson du nord-est passe brusquement au sud-ouest, c'est-à-dire pendant les mois d'août, de septembre et d'octobre, sont, comme les *tornados* des Indes occidentales, des tourbillons de la plus grande violence et sur la plus grande échelle. Les savants, pour les distinguer des tempêtes ordinaires pendant lesquelles le vent ne souffle que d'une seule direction, les désignent sous le nom de *cyclones* (tempêtes circulaires), parce que l'air s'y meut en tournoyant avec une effrayante rapidité autour d'un centre où règne un calme relatif, et qui suit lui-même un mouvement progressif. Dans l'hémisphère boréal, la rotation de l'air s'exerce de droite à gauche; dans l'hémisphère austral, c'est en sens inverse. La même loi régit le mouvement du centre du cyclone, de sorte qu'en partant de ces données positives, il est, en général, possible aux navigateurs d'éviter le centre même du météore et de se tenir à la circonférence du cercle que décrit le vent, c'est-à-dire dans une région où non-seulement il n'est plus dangereux, mais encore où il accélère utilement la marche du navire. Pour mieux préciser mon explication, j'ajouterai que les tempêtes circulaires ont un très-grand diamètre, de 300 à 1,000 milles marins (500 à 1,800 kilomètres).

Lorsque j'arrivai sur le pont à six heures du soir, le ciel, vers le sud-est et l'est, était couvert jusqu'au zénith par d'épais nuages blanchâtres, rappelant plutôt par leur teinte les nuages qui apportent de la neige en hiver que les nuées d'orage. Leur bord supérieur, éclairé par le soleil, se détachait vigoureusement sur le bleu du ciel. A l'ouest, des masses de brouillards et de vapeurs descendant fort bas étaient entraînées avec la rapidité de la flèche par le vent de nord-est. Le soleil se coucha et bientôt une nuit profonde nous enveloppa, tandis que nous avancions, avec nos huniers et nos voiles de fortune doublement risées, sur une mer littéralement en convulsion. Mais ceux à qui incombait la direction du navire avaient fait leur plan de campagne, et la frégate s'avança hardiment à la rencontre du météore, afin de surveiller sa marche de plus près et de manœuvrer en conséquence.

Ce n'est pas que notre position fût excellente, elle était, au contraire, aussi défavorable que possible. Nous nous trouvions à la partie nord-ouest du cercle décrit par le cyclone; le vent soufflait du nord-est et nous suivions, vers le sud-est, la large voie qui conduit de la mer de Chine dans l'océan Pacifique, en passant entre les îles Liéou-Khiéou et le groupe des îles Madjikosima; nous ne devions donc pas tarder à être rejoints par le cyclone, si, comme c'est le cas le plus fréquent dans ces parages, son centre se mouvait vers l'ouest ou le nord-ouest[1]. Le seul moyen de l'esquiver était de couper, en se dirigeant vers le sud-ouest, la ligne présumée qu'il devait suivre, et d'arriver à la partie méridionale du tourbillon avant d'avoir été atteint par son centre. Aussi à dix heures mit-on le cap sur le sud, en déployant autant de voiles que le permettait la violence de la tempête. Pour peu que le vent tournât du nord-est au nord, nous pouvions espérer, d'après les lois qui régissent, en général, les typhons, d'échapper au météore; c'est heureusement ce qui arriva.

---

1. Les typhons n'éclatent que dans une région déterminée de l'Asie, rappelant la forme d'un triangle isocèle qui aurait son sommet à Calcutta et, pour base, une ligne allant du Japon à la Nouvelle-Guinée. La *Novarra*, naviguant non loin des îles Liéou-Khiéou, était donc tout naturellement au nord-ouest du cyclone, ces îles se trouvant assez rapprochées de la limite nord-ouest de la région des typhons.

La nuit du 18 au 19 août fut une nuit de tourmente dans toute la force du terme ; tant que nous courûmes vent arrière, la frégate roula d'une façon épouvantable, et ce n'est que vers minuit que nous recouvrâmes un peu de calme relatif. Quand le jour reparut, le ciel était tendu d'une épaisse couche de nuages gris qui semblaient se confondre avec les vagues, tant ils étaient bas. Au nord-est leur couleur était plus sombre et plombée, c'est manifestement là que se trouvait le centre du phénomène. L'année précédente, pendant une tempête au Cap, je m'étais occupé d'observations sur la forme et la direction des vagues, par rapport au vent, mais cette fois il me fut impossible de constater si elles obéissaient à une loi quelconque ; elles s'entre-croisaient dans tous les sens, formant des cônes de six ou huit mètres qui se brisaient tout aussitôt. C'était bien la *mer pyramidale des cyclones*, ainsi qu'on l'a nommée, mille fois plus dangereuse que la tempête elle-même, pour les navires qui se trouvent exposés à ses fureurs. Les vagues fouettées par

H. Zuber del.

T. I, p. 62.

LA FRÉGATE LA NOVARRA, SURPRISE PAR UN TYPHON DANS LES MERS DE LA CHINE.

l'ouragan balayaient le pont et la dunette elle-même, bien qu'elle fût à sept mètres au-dessus de la ligne de flottaison; les chaloupes suspendues aux bastingages se remplissaient d'eau.

Nous étions sans contredit dans une position plus favorable, mais nullement hors de l'action du typhon. Tous les phénomènes de la tourmente étaient encore dans leur période de croissance; nous étions à moitié submergés par les flots, le baromètre continuait à baisser, et n'atteignit son point le plus bas qu'à quatre heures du soir, mais la tempête elle-même augmenta la violence jusque vers six heures; de six à huit heures elle était complétement déchaînée. Le vent avait alors tourné au nord-nord-ouest et, rien qu'avec nos huniers quadruplement arrisés, nous fuyions vent arrière avec une vitesse de 14 milles à l'heure dans le canal, large de 120 milles marins, qui sépare l'archipel des Liéou-Khiéou de celui des Madjikosima. A huit heures, nous calculâmes que nous devions être arrivés dans l'océan Pacifique, et ce nous fut un grand soulagement. A partir de ce moment le baromètre ne cessa de remonter, le vent était encore assez changeant et très-frais, mais il devint de plus en plus certain que nous étions sortis de la zone où le typhon exerçait son empire. Dans la journée du 20, le ciel s'éclaircit insensiblement. A midi, le soleil apparut à travers un brouillard comme un disque doré : nous pûmes de nouveau relever notre position. Le soir, nous eûmes même le plaisir de revoir un peu de bleu, et au coucher du soleil le ciel avait tout à fait son apparence de l'avant-veille à pareille heure. Des lambeaux de nuages s'enfuyaient en rasant la mer, mais dans les intervalles on apercevait la voûte étoilée. La sombre masse des nuages du cyclone était derrière nous, à l'horizon.

Nous nous étions donc trouvés pendant quarante-huit heures, du 18 août, à six heures, au 20, à pareille heure, dans les parages où sévissait le météore, et le 19 le plus près de son centre. Quelle distance nous séparait encore de ce centre? C'est ce qu'il n'a pas été possible de calculer avec précision, mais je crois ne pas m'éloigner beaucoup de la vérité en l'évaluant à une centaine de milles marins. Ce centre devait, du reste, avancer avec une grande lenteur, ce qui tient probablement à ce que nous avons rencontré le typhon tout près de son point de départ, les îles Liéou-Khiéou. C'était le premier typhon de l'année 1858, que le *Nord-China-Herald* de Shanghaï avait vainement annoncé quinze jours auparavant et que le *Calendrier millénaire chinois* pronostiquait pour le 10 août.

Les mâts de la *Novarra* avaient blanchi dans ces deux nuits mémorables : des croûtes de sel les recouvraient depuis la base jusqu'à la pointe, mais ils étaient encore debout. La science nous avait enseigné l'art d'échapper au météore, et conduits par la main de Dieu, nous étions sortis sains et saufs de cette redoutable épreuve.

II.

Une journée à Madras[1].

Pour quiconque ne connaît pas encore l'Asie, l'aspect extérieur de Madras présente déjà à lui seul un tableau des plus attrayants. De longues rangées de constructions blanches aux toits plats s'étendent au loin tout le long du rivage, s'enfoncent dans l'intérieur des terres et finissent par se perdre dans des massifs de verdure. Au-dessus des maisons les mille coupoles, tours et minarets des pagodes et des mosquées donnent au voyageur, par l'effet pittoresque qu'elles produisent dans le paysage, un avant-goût des merveilles de toute sorte qui l'attendent sur le sol indien. L'azur

1. D'après ONOMANDER (Frédéric, prince de Schleswig-Holstein-Augustenbourg), *Altes und Neues aus den Ländern des Ostens*, 2 vol., Hambourg, 1859.

immaculé du ciel et le caractère tropical de la végétation, les palmiers élancés et les bananiers au feuillage sombre, ne contribuent pas peu à augmenter la profonde impression que l'on reçoit. Au magnifique phare qui s'élève à gauche sur le fort Saint-Georges et à l'activité qui règne dans la rade et sur les quais de débarquement, on reconnaît à première vue quelle est l'importance de Madras comme port de commerce.

Le mouvement de la rade est l'une des choses qui frappent le plus au début à cause de l'extrême variété des navires européens et indigènes qui s'y croisent incessamment. Tandis que les clippers anglais se distinguent par leurs formes élégantes et élancées, on est tout surpris de voir à côté les *donis,* vaisseaux moitié indiens, moitié arabes, qui mesurent 10 mètres de largeur sur à peine 20 à 25 de long, ce qui, lorsqu'ils ne sont pas chargés et que leur coque sort presque tout entière de l'eau, leur donne une apparence aussi lourde et aussi disgracieuse que possible. Leur gréement consiste en deux mâts en bambou, peu élevés, à chacun desquels est fixée une voile latine de couleur brune. Si déplaisantes qu'en soient les formes, les donis ne s'approprient pas moins à merveille à la navigation de ces eaux, et ils font presque exclusivement le commerce de toutes les côtes de la mer des Indes et du golfe Arabique jusqu'aux environs de Madagascar. Ils ont des équipages uniquement composés d'indigènes; comme ils ne pourraient guère manœuvrer contre le vent, ils ne font par an qu'un seul voyage au long cours: ils partent de l'Inde dès que s'est établie la mousson du nord-est et reviennent par la mousson du sud-est, après avoir troqué leurs marchandises contre les produits du lieu de leur destination. Le commerce et la marine sont encore aujourd'hui, chez les Indiens, aussi simples et aussi primitifs que chez les anciens Phéniciens. Il n'y a pas un navigateur sur mille qui possède des compas, ou qui sache calculer sa marche; aussi pour peu qu'ils perdent de vue la côte, ils ne se dirigent le jour que d'après le soleil, et la nuit que d'après les étoiles.

En général, les nombreux bateaux qui sillonnent la rade ont des formes bizarres pour un observateur européen, surtout les *Katamarans* et les *Masula-manché,* qui sont spéciaux à la côte de Koromandel. Ils ne sont montés que par des gars du pays, les bateliers les plus habiles et les nageurs les plus intrépides qu'on puisse voir. Le *Katamaran* est un simple radeau formé de trois poutrelles attachées ensemble avec des cordes de palmier, et longues d'une dizaine de mètres, sur 30 centimètres de large et 10 d'épaisseur, au maximum. La poutre du milieu avance en forme d'éperon pour fendre le flot. Le katamaran est si léger qu'un homme seul peut, après s'en être servi, le transporter à terre sur ses épaules, pour le mettre à sec. En principe, il est dirigé par un, deux ou trois rameurs, assis à califourchon et munis d'une rame à double pale : il est rare qu'il soit arrangé de manière à porter une voile. A voir ce frêle appareil sur lequel les vagues déferlent incessamment et dont les bateliers complétement nus sont littéralement assis dans l'eau, on se demande comment il se trouve des hommes assez hardis pour se confier ainsi à la mer. Eh bien! les katamarans affrontent non-seulement les brisants les plus dangereux, mais encore les gros temps par lesquels aucun autre navire n'oserait prendre la mer; ils s'aventurent fort loin des côtes soit pour pêcher, soit pour apporter des nouvelles de terre aux bâtiments qui, par un motif ou un autre, sont contraints de croiser à une certaine distance du port, et ils sortent dans toutes les saisons, même pendant les cinq mois où, à cause de la mousson du nord-est, qui est fort dangereuse dans ces parages, tous les navires sont contraints d'abandonner la rade et où les brisants violemment battus par les flots rendent impossible toute communication entre la côte et la haute mer. Arrive-t-il dans ces circonstances qu'un navire en vue ait besoin d'assistance ou veuille correspondre avec la terre, aussitôt quelques indigènes mettent leur petit radeau à l'eau et vont accoster le navire. L'un d'eux se coiffe d'un bonnet pointu en paille et imperméable; ce bonnet qui est à double fond sert de boîte aux lettres pour tous les papiers qu'il importe de faire parvenir sûrement à destination; il est presque sans exemple que de cette façon rien se soit perdu.

Le *Masula-manché,* dont le nom vient, à ce qu'on nous a assuré, de la ville de Masulipatan, est dans son genre plus parfait et plus remarquable encore que le katamaran. C'est le seul bateau avec lequel on puisse naviguer au milieu des dangereux récifs qui bordent la côte; même les meilleures chaloupes anglaises courent risque de se briser au moment de prendre terre, et comme les indigènes savent seuls nager par les gros temps, chaque naufrage de cette espèce a pour conséquence habituelle la perte totale de l'équipage, qui se noie ou sert de pâture aux requins. Les avantages que le masula-manchê doit à son mode de construction, ne se devineraient guère à ne voir que ses apparences informes: il ressemble plus à une auge qu'à un bateau. Il est ovale, à fond plat et sans quille, à parois presque verticales; il mesure 10 ou 12 mètres en longueur, 3 ou 4 en largeur et 2 ou 3 en profondeur. Ses proportions et sa forme l'empêchent déjà de chavirer; mais, en outre, comme les planches dont il est fait, au lieu d'être solidement boulonnées, sont simplement attachées ensemble avec des cordes, il a une souplesse et une élasticité telles qu'il ploie sous le moindre choc et résiste sans se rompre aux lames qui déferlent sur ses flancs et aux obstacles contre lesquels il vient à se heurter et qui disjoindraient d'emblée toute autre espèce d'embarcation. Ajoutez à tout cela qu'il a un très-faible tirant d'eau, puisqu'il ne cale que 15 centimètres à vide et 30 chargé.

Un certain nombre de ces bateaux sont toujours à la disposition des officiers anglais du port pour faire le service entre la ville et les navires européens en rade. C'est dans l'un d'eux que nous nous dirigeâmes vers la ville. J'avouerai franchement que nous n'étions pas tous très-rassurés, pendant le cours de cette étrange traversée. Un kilomètre environ nous séparait du rivage; la mer était très-calme, un faible vent de terre en ridait à peine la surface, et pourtant nous entendions déjà le bruit sourd des vagues qui se brisent sans cesse contre les récifs à fleur d'eau dont la côte est hérissée. Quand nous atteignîmes la ceinture extérieure d'écume qui signale la région des brisants, nos rameurs s'arrêtèrent court, et c'est la lame qui, nous prenant d'arrière en avant, nous souleva avec elle pour nous déposer avec un épouvantable craquement au beau milieu du tourbillon : le choc de l'embarcation sur le fond fut tellement violent que je vis le moment où nous roulerions tous à bas de nos bancs. Heureusement une seconde lame vint une minute après nous remettre à flot et nous entraîna jusque sur le sable du rivage, où elle nous fit échouer ; nos bateliers se hâtèrent de haler la barque avec une longue corde pour nous faire sortir de la région des brisants ; une troisième vague acheva l'opération. Pendant tout ce temps deux pilotes, placés l'un à l'avant, l'autre à l'arrière, s'étaient appliqués à maintenir la barque dans le sens de la vague et autant que possible en équilibre. Le rivage est formé du sable le plus fin, on n'y voit pas le moindre rocher; c'est ce qui explique comment même un masula-manchê peut y échouer aussi rudement sans se disloquer. Quiconque aborde ainsi à Madras pour la première fois, en est tout étourdi et tout abasourdi; mais on ne laisse pas aux passagers beaucoup de temps pour reprendre leurs esprits; à peine la barque est-elle au sec, qu'une masse d'indigènes se précipitent dedans et les transportent à terre dans leurs bras avant qu'ils aient eu le loisir de dire oui ou non; nous en passâmes également par là.

Nous ne mîmes, pour ainsi dire, pas pied à terre; car nous venions d'être déposés sur le rivage lorsque aussitôt, par les soins d'un indigène qui était venu à bord nous offrir ses services, nous fûmes enfermés chacun dans un palanquin et emportés sans savoir où. Je dois dire ici, en passant, pour l'intelligence de mon récit, que les palanquins, qui remplissent aux Indes l'office de nos voitures, ont la forme d'une caisse oblongue fermée de tous les côtés, dans laquelle on s'introduit à droite ou à gauche par des espèces de portières et qui est suspendue à une longue perche portée horizontalement par quatre, six ou huit coolies. Grand fut notre embarras, lorsque nous nous trouvâmes ainsi inopinément emprisonnés ; nous n'avions point d'interprète avec nous ; nous ne comprenions pas un mot de la langue que nos coolies parlaient autour de nous, et pour comble de guignon, nous n'avions pas bien saisi, dans notre premier moment de trouble, comment les palanquins s'ouvrent et se ferment ; les portes, au lieu d'être montées sur charnières, glissent d'arrière en avant et d'avant en arrière dans des rainures. Nos coolies étaient naturellement très-loin de se douter de notre inexpérience à cet égard ; aussi chacun de nous eut beau frapper contre les parois de sa cage ; plus nous nous démenions pour qu'on nous ouvrît, plus ils s'imaginaient que nous les gourmandions de leur lenteur, et plus ils accéléraient leurs pas. Le malentendu s'éclaircit dès qu'ils se furent arrêtés à la porte du seul hôtel européen de la ville, où nous trouvâmes à nous loger très-convenablement.

Cette petite aventure eut du moins pour effet de nous rappeler, dès notre arrivée sur le sol indien, que quand en voyage on aspire trop à voler de ses propres ailes, on risque d'arriver à un résultat tout contraire. Aussi, pour nous mettre à l'abri de nouvelles écoles, prîmes-nous à notre service un domestique de louage, à la fois cicerone et valet de chambre, qui savait l'anglais; et comme nos maudits palanquins nous avaient empêchés de rien voir à notre entrée en ville, la curiosité nous poussa dès le soir même hors de la maison, quoiqu'il fît à peu près nuit close. N'ayant pas d'autre but que de flâner, nous laissâmes à notre guide le soin de nous mener où bon lui semblerait. Il nous proposa alors de nous conduire chez un de ses compatriotes, où il devait y avoir ce soir-là des danses : je n'ai pas besoin de dire que nous acceptâmes avec empressement. D'abord nous parcourûmes la large et poudreuse rue qui met le débarcadère en communication avec les divers quartiers de la ville; puis nous enfilâmes une petite ruelle latérale, bordée de maisonnettes de pisé proprement crépies, mais si tortueuse, si déserte, si uniforme qu'au bout de quelques minutes nous eussions été absolument hors d'état de nous orienter tout seuls. Les maisons, comme c'est l'usage en Orient, étaient de forme très-irrégulière et complétement dépourvues de fenêtres à l'extérieur. Quoiqu'il ne fût pas tard, on n'apercevait pas une lumière, on n'entendait pas un son, et les rares passants que nous croisions semblaient moins marcher que glisser comme des ombres. Était-ce le silence mortel qui nous environnait, était-ce l'uniformité ou bien réellement la longueur du chemin? Toujours est-il que le temps nous sembla fort long. Enfin notre serviteur s'arrêta devant une maison de modeste apparence, disparut sans bruit dans l'intérieur et nous laissa devant la porte. Peu après, il revint en compagnie d'un autre homme, sans doute l'amphitryon, et nous fit pénétrer par un sombre corridor dans une cour où, à la lueur de quelques lampes, nous distinguâmes un certain nombre de personnes assemblées. Cette cour, découverte et pavée de briques, formait un carré d'une dizaine de mètres de côté, sur lequel s'ouvraient plusieurs portes donnant accès dans les bâtiments du pourtour.

A notre entrée, toute la société nous salua et l'on nous offrit à chacun un petit tabouret de paille; puis quelques-uns des hôtes s'approchèrent de nous et nous donnèrent de l'air avec des éventails élégamment tressés, tandis que le maître de la maison allait quérir le ballet. La troupe consistait en quatre femmes et en quatre hommes portant, les uns comme les autres, un pantalon bouffant, une veste collante à manches courtes et par-dessus une sorte de tunique fort ample, le tout en calicot blanc. Les hommes avaient sur la tête un turban blanc, les femmes un voile dont, du reste, elles ne tardèrent pas à se dépouiller. La parfaite propreté de ces costumes et la bonne tenue des gens qui les portaient contrastaient quelque peu avec l'apparence de la maison, qui était presque misérable. Les femmes étaient surchargées de bijoux : elles en avaient au nez, aux oreilles, aux bras, aux pieds, aux doigts et jusqu'aux orteils. Avec cela elles n'étaient rien moins que jolies : la beauté est fort rare chez les femmes de l'Inde méridionale.

Le *Natch*, ou la danse des Bayadères, n'a en soi rien d'indécent. Chacune des femmes dansait seule au son d'une musique assez discordante, faite par les quatre hommes et consistant en une chanson nasillarde accompagnée de tambourin et de cimbales. La danse elle-même est une série de mouvements lents qui ne manquent ni d'expression, ni d'une certaine grâce, et qui ont la prétention de rendre le sens de la musique, si bien qu'elle rappelle bien plus une pantomime qu'un ballet. Les poses et les gestes étaient tantôt tranquilles, tantôt passionnés ; quelques-uns décelaient une souplesse extraordinaire. Ainsi la danseuse se courbait en arrière jusqu'à ce que sa tête et ses mains touchassent le sol, et non-seulement elle ne perdait pas l'équilibre, mais encore elle se redressait sans autre appui que ses pieds. Du reste, la même danseuse semblait jouer à la fois plusieurs rôles; car souvent elle se tournait comme pour parler à quelqu'un, puis se retournait comme pour répondre à la question.

Les indigènes parurent trouver un grand plaisir à ces représentations et témoignèrent leur satisfaction par des applaudissements réitérés. Mais comme nous ne comprenions pas un mot de la langue du pays, et que nous étions hors d'état de suivre le fil de l'intrigue, le spectacle, à part son cachet très-particulier, ne nous offrit en lui-même qu'un médiocre intérêt. La cour était, d'ailleurs, infectée par une odeur de beurre fondu et d'huile de coco tout à fait insupportable pour un odorat européen. Aussi nous fallut-il absolument, au bout de quelque temps, aller respirer un autre air, et nous prîmes congé de la société.

La fraîcheur relative d'une nuit tropicale parfaitement sereine et une agréable brise de mer qui nous accueillit dès que nous fûmes revenus sur le quai, nous firent un bien infini.

Tout bruit humain avait cessé; on n'entendait plus que le bruit incessant des vagues qui déferlaient sur les brisants et qui venaient ensuite mourir sur le sable du rivage. Les navires de la rade faisaient dans la demi-obscurité l'effet d'ombres indécises flottant entre le ciel et l'eau, et sur la voûte sombre du firmament se détachait, comme une étoile mille fois plus brillante que ses sœurs, le feu du phare Saint-Georges. Nous fûmes longtemps avant de pouvoir nous arracher à cette solitude enchanteresse et nous décider à gagner nos lits, ce dont nos pauvres corps avaient pourtant grand besoin.

Mais, hélas! dans l'Inde ce n'est pas une petite affaire que de se donner du repos; on a beau être brisé de fatigue, la plus grande et la meilleure partie de la nuit ne s'en passe pas moins dans la plus cruelle insomnie. Bien qu'en plein air la nuit apporte quelque fraîcheur, du moins en comparaison de la chaleur du jour, l'intérieur des maisons conserve à peu près la même température, la même atmosphère étouffante, d'autant plus qu'il faut, dans presque toutes les parties du pays, dormir avec les fenêtres hermétiquement closes, afin de se préserver de l'influence pernicieuse des émanations nocturnes. Aussi, lorsqu'on est couché, semble-t-il que chaque fois qu'on respire on ait un poids d'une centaine de livres à soulever, tant on a la poitrine oppressée et tant l'air qu'on hume est peu rafraîchissant. Ajoutez à cela des nuées de moustiques qui, dès le coucher du soleil, envahissent les chambres, sans qu'on sache d'où ils sortent, les remplissent de leurs bourdonnements et arrivent, quelques précautions que l'on prenne, à vous envoyer jusque sous vos rideaux et vos couvertures des émissaires avides de sang. Étouffé, abasourdi, piqué de tous les côtés, on se tourne et on se retourne sur sa couche sans y trouver le repos, et la fatigue fait place à une excitation fiévreuse. Enfin une abondante transpiration froide vous apporte un peu de soulagement, et épuisé de lassitude on s'endort pour quelques heures, mais d'un sommeil léger, entrecoupé par maint réveil en sursaut et troublé par mille cauchemars, jusqu'à ce que, le jour venu, on finisse par se lever, plus brisé qu'on ne l'était en se mettant au lit. Pour compenser ces tourments nocturnes, les Européens se donnent habituellement aux Indes un comfort et des aises dont nous trouvâmes la trace jusque dans notre modeste hôtellerie. Bien que nous voyagions très-simplement et sans le moindre appareil, chacun de nous, dès le lendemain de notre arrivée, trouva un serviteur qui se mit à sa disposition exclusive. Lorsque nous exprimâmes notre étonnement d'une prévenance aussi superflue et que nous fîmes entendre, tant à l'aubergiste anglais qu'aux officieux indigènes qui aspiraient à nous donner leurs soins, que notre interprète de la veille nous suffisait amplement et que nous n'avions besoin de nulle autre domesticité, le premier nous répondit: « C'est la coutume », et les seconds répétèrent, comme un écho, en leur langage: « C'est la coutume (*doustour !*) ». En général, quand dans l'Inde on demande la raison de n'importe quelle circonstance ou qu'on s'informe au sujet d'un usage bizarre en apparence, on ne reçoit jamais d'autre réponse que ces mots : « C'est la coutume » ; ces mots disent tout, et quand une chose est dans les usages, si étrange qu'elle soit, il faut l'accepter sans discuter. Là tout repose sur d'anciennes traditions que chacun vénère, parce qu'il les tient de ses ancêtres, et que chacun suit avec un scrupule religieux; ces traditions sont entrées si avant, elles sont si profondément enracinées dans le caractère du peuple, qu'elles ont fini par former en quelque sorte la clef de voûte de tout l'édifice social. C'est ce qui explique pourquoi les Hindous supportent de génération en génération et avec une inébranlable persistance leur odieux système de castes et tiennent avec un entêtement souvent puéril à leurs habitudes en soi les plus insignifiantes, ce qu'ils ont, du reste, de commun avec presque tous les Orientaux.

Il est d'usage dans l'Inde que le domestique au service d'un Européen se couche la nuit sur une natte devant la porte de son maître. Dès l'aurore le mien se glissa sans bruit et nu-pieds devant mon lit, et comme il vit que j'étais éveillé, il croisa ses bras sur sa poitrine, s'inclina gravement, puis se retira à reculons jusqu'au seuil de la porte, en proférant un respectueux « Salaam Sahib », et attendit, immobile comme une statue, que je voulusse bien lui donner mes ordres. Bien qu'il ne fût qu'un simple serviteur, ne recevant qu'une demi-roupie (1 fr. 25 c.) par jour, il appartenait à l'une des castes supérieures, ainsi que le prouvaient les trois raies jaunes et blanches dessinées sur son front et partant de la racine du nez. Comme nous avions passablement de peine à nous entendre en anglais, nous nous expliquâmes par signes, ce qui fut d'autant plus aisé qu'il était aussi perspicace qu'attentif et savait comprendre au moindre geste ce dont je pouvais avoir envie. Malgré les castes, les diverses classes de la société sont en Orient bien moins tranchées qu'en Europe, et la distance qui les sépare est en tout cas moins sensible, car on y rencontre chez le premier venu cette délicatesse de sentiment, ce tact, ces égards, qui ne sont chez nous que le fruit de l'éducation et d'une culture artificielle. Le contraste est tout particulièrement frappant dans la manière d'être des serviteurs orientaux; lors même qu'ils sont paresseux, fourbes ou voleurs, ils ne tombent jamais dans la grossièreté ou l'impertinence, et l'on peut se laisser aller avec eux à un ton de familiarité, sans avoir à craindre qu'ils n'en prennent texte pour manquer de respect à leur maître.

Désireux de rassembler des forces pour la chaleur et les fatigues que nous aurions à affronter pendant la journée, nous montâmes tous sur le toit plat de la maison, et nous y jouîmes à un égal degré de l'air rafraîchissant du matin et de l'admirable vue qui s'en déroule sur la ville et sur la mer. Bien que le soleil ne fût pas encore levé, la plus grande activité régnait déjà partout. Les rues et le port, qui, la veille au soir, nous avaient paru déserts, presque inanimés, étaient parcourus en tous sens par une foule affairée. De nombreux katamarans ou masulas étaient mis à l'eau ou se mouvaient déjà au milieu des récifs; les vaisseaux ne ressemblaient plus à des ombres, et la brise de mer nous apportait les chants des matelots occupés dans la rade à les charger et à les décharger. A l'ouest le regard se promenait au loin sur la plaine, dont l'uniformité n'était rompue que par les belles maisons de campagne des négociants ou des fonctionnaires anglais, et au sud-ouest par les hauteurs de Soudras et le mont Saint-Thomas.

Au moment où le soleil montra son disque brillant au-dessus de l'horizon et illumina la surface de la mer de ses rayons dorés, un coup de canon parti du fort alla saluer l'astre du jour, et aussitôt le pavillon anglais fut hissé sur son mât. Ce fut pour nous le signal de la retraite : nous retournâmes dans nos chambres pour nous habiller, ou plutôt pour nous faire habiller; car le serviteur noir a spécialement pour mission de mettre à son maître ses bas, ses souliers et le reste. Il nous fallut ensuite nous faire raser; car faire une semblable opération de nos propres mains, nous *sahib,* nous maîtres, c'eût été une chose tout à fait inouïe : depuis le caporal et le plus humble courtaud de boutique jusqu'au commandant en chef et au gouverneur général, il est « d'usage » de se faire raser par un barbier. Chaque matin le barbier fait le tour de sa « clientèle », portant sous un bras un très-joli petit bassin en métal blanc et, sous l'autre, un petit paquet de linges de coton et tout son attirail de rasoirs, de pinces, de ciseaux, de fioles, etc., etc. Aussitôt arrivé, il déballe ses ustensiles en silence et procède sans désemparer à l'exercice de son ministère, qui tient bien plus de l'art que du métier. Il ne se sert ni de pinceau ni de savon; il se borne à vous frotter la figure avec de l'eau chaude, jusqu'à ce que la peau soit ramollie; puis il tire d'une petite gaîne un couteau court, très-large du dos et fort tranchant, et vous rase en un clin d'œil tout le visage sans qu'on sente le moins du monde le passage du fer sur la peau : il ne racle pas la barbe, mais la coupe réellement, et cela avec une telle habileté qu'il ne repasse jamais deux fois au même endroit; puis il éteint le feu du rasoir au moyen de lotions d'huile balsamique. Vous croyez peut-être que la cérémonie est terminée? Détrompez-vous. L'opérateur prend ensuite une petite pince de métal et vous épile le nez et les oreilles, pour peu qu'on ne l'arrête pas à temps; enfin il procède au *champou*, la partie de beaucoup la plus curieuse de son affaire. Voici en quoi consiste le *champou* : le barbier vous prend chaque membre l'un après l'autre, et en un adroit tour de mains, les étire, les frotte et les masse comme s'il voulait les déboîter ; à un moment donné il vous met ses deux petits doigts dans les oreilles, presse fortement avec ses pouces sur l'occiput et donne à la tête une si vigoureuse secousse que les épaules et l'épine dorsale craquent à toutes les articulations, et qu'on s'imagine au premier moment qu'il vous a cassé la nuque. Les coudes et les genoux subissent la même épreuve que la nuque. Mais, au lieu de se trouver mal de ce traitement, comme on peut être d'abord porté à le croire, on ne tarde pas à éprouver par tout le corps une vive sensation de bien-être : tous les muscles reprennent une nouvelle vigueur, la pesanteur qu'on ressentait dans tous les membres s'évanouit, et l'on croit renaître à la vie. Le *champou* devient bientôt une habitude à laquelle on ne renonce qu'à regret, après en avoir expérimenté les salutaires effets. — Quand il eut fini, mon barbier disparut aussi silencieusement qu'il était venu, et quelques instants après, un cri étouffé, parti de la chambre voisine, m'apprit qu'un de mes compagnons de voyage dont les membres, un peu raidis par l'âge, se prêtaient sans doute moins à l'opération, avait néanmoins voulu, lui aussi, goûter les délices du champou.

A six heures nous fîmes notre première promenade dans les rues et les bazars du quartier des indigènes, appelé *la Ville noire* par opposition à *la Ville blanche,* qui est le quartier habité par les Européens. Nous montâmes dans une voiture de louage attelée de deux maigres chevaux : nos inséparables serviteurs noirs nous accompagnaient à pied. Nous arrivâmes bientôt dans une rue extrêmement animée, où la lenteur de notre équipage nous permit d'examiner à loisir tous les objets qui frappaient nos regards; je puis dire qu'en général, au point de vue de la beauté pittoresque et du caractère profondément original du spectacle très-changeant qui se déroulait à nos yeux, notre attente fut de beaucoup dépassée : c'était bien là l'Orient dans toute sa pureté. Bien que la foule fût grande, on n'était pas assourdi par le brouhaha de nos cités européennes; les passants circulaient tranquillement, avec calme; on n'entendait ni le bruit que font les voitures sur nos pavés, ni ce murmure confus que produisent des milliers de gens causant en même temps dans une même rue; rien ne troublait le plaisir qu'on pouvait avoir à contempler cette multitude bariolée et affairée. Les maisons étaient toutes badigeonnées de blanc, et cette couleur prédominait aussi dans le costume des passants, de sorte que, l'azur du ciel aidant, le coup d'œil n'avait rien que de frais et de gai, et nous rappelait involontairement les poétiques descriptions des *Mille et une nuits*. Ici un *bisti* (porteur d'eau) ploie sous la grosse outre, toute gonflée, qu'il porte sur son dos, là des coolies transportent des fardeaux suspendus sur leurs épaules à de longues perches flexibles. Voici un riche Indien qui passe indifférent à travers la foule, monté sur un beau cheval que deux saïs conduisent par la bride; puis voilà des femmes voilées qui marchent en silence et avec précaution, ou un Européen, au pâle visage, emporté au pas de course dans son palanquin en forme de cercueil par quatre serviteurs à peine vêtus, qui de temps en temps essuient avec un morceau d'étoffe rouge la sueur qui inonde leurs fronts. Ce qui frappe le plus dans cet incessant va-et-vient, ce sont les *hackeries*, espèces de voitures, ou plutôt de charrettes, montées sur deux roues informes fixées à l'essieu et roulant avec un bruit strident. Sur un plancher qui surmonte l'essieu, s'élève une petite hutte, fermée avec des rideaux ou avec des nattes, et dans laquelle peuvent s'asseoir plusieurs personnes, les jambes croisées. A ce véhicule sont habituellement attelés deux bisons blancs qui n'avancent qu'avec une sage placidité. Je ne discute pas les avantages des hackeries pour les voyages; mais, dans les rues étroites et tortueuses des villes, elles ont l'inconvénient de causer de fréquents embarras par l'extrême lenteur de leurs mouvements.

Ce qui augmentait pour nous l'impression que nous ressentions à l'aspect des rues de Madras, c'est l'harmonie et l'unité du spectacle qui s'offrait à nous. Nous exceptés, tout y était essentiellement asiatique. On n'apercevait point d'autres Européens avec leurs chapeaux disgracieux et ces vêtements collants qui, au lieu de masquer les difformités du corps, ne font que les mettre plus en évidence. Les habits étriqués avaient fait place aux vêtements amples de l'Orient, aux voiles flottants, aux riches turbans, en un mot, à ces élégants et poétiques costumes faits pour charmer quiconque a le sens esthétique un peu développé.

Au milieu de la *Ville noire* se trouve le marché, en partie couvert, en partie en plein vent. La partie couverte, ou *bézestan*, consiste en de longues constructions en briques rouges, peu élevées au-dessus du sol, entrecoupées par une foule de petits passages sombres et étroits, et recouverts de petits toits en coupole, qui de loin ressemblent à des ruches. Les marchandises les plus disparates se trouvent entassées là avec leurs vendeurs dans des cellules à droite et à gauche des passages. On y voit du poisson, de la viande, des œufs, de la volaille dans des corbeilles, diverses espèces de gibier, des singes, des rats, des lézards, des serpents de toute sorte enfermés dans des cages en fil de fer. — On ne rencontre dans le bézestan que des hommes, et même que des musulmans ; car les Hindous, d'après leur religion, doivent s'abstenir de tourmenter les animaux et de toucher tout ce qui en provient. Aussi nos serviteurs, qui appartenaient tous à la religion de Brahma, se refusèrent-ils à nous accompagner dans un lieu qui, à leurs yeux, est souillé : les Hindous, en général, ne craignent rien tant que de s'exposer par de semblables manquements à perdre leur caste. — Nous rencontrâmes là pour la première fois aux portes du bâtiment des mendiants à demi nus qui, pour exciter la charité des passants, étalaient les infirmités les plus repoussantes. Nous leur jetâmes quelques pièces de monnaie et passâmes avec une vraie satisfaction des sombres galeries du bézestan aux bazars en plein vent consacrés aux épices et aux céréales. Là les marchands sont des Hindous, hommes et femmes, dont les denrées sont proprement arrangées sur une place ombragée de palmiers et tout embaumée de l'odeur des épices qui s'y vendent. Les divers produits de la végétation de l'Inde s'y présentent disposés dans de jolies corbeilles et en longues rangées, chacun dans un quartier spécial, afin de faciliter les transactions. Quelques-uns des marchands vendaient, au poids ou à la mesure, du bétel et de l'arec, que les indigènes aiment beaucoup à mâcher; d'autres tenaient de la cannelle, des clous de girofle, de la muscade, du poivre blanc ou noir, de la cardamine, etc. Un peu plus loin se trouvaient les vendeurs de riz, de café, de noix de coco, etc.; puis des marchands d'eau et d'essence de rose, d'essence de girofle et de cette délicieuse poudre de *carry*, toutes choses de grand prix pour nous autres Européens, et si étonnamment bon marché dans l'Inde que, pour la valeur de quelques centimes, on en achetait, pour ainsi dire, tout ce qu'on en pouvait emporter.

Pendant le temps que nous passâmes au marché, il se fit sous nos yeux beaucoup d'affaires, et avec un ordre parfait. Un petit différend surgissait-il entre le vendeur et l'acheteur, on en appelait aux voisins, et bientôt la difficulté s'aplanissait. Il y a, du reste, à Madras, comme dans tous les marchés de l'Inde, des surveillants indigènes, placés sous la direction d'un fonctionnaire anglais et chargés de vérifier les poids et mesures. Nous n'avons, dans toute cette partie de notre promenade, rencontré que des indigènes ayant généralement l'air aisé, ce qui fait honneur à la domination anglaise.

Vers midi, la chaleur nous força à rentrer dans nos appartements, et nous y restâmes jusque vers le soir. Quand la fraîcheur fut un peu revenue, nous montâmes en voiture pour aller dîner chez un médecin anglais, qui possède une délicieuse villa à une demi-lieue de la ville et a su y fondre à merveille le luxe asiatique avec le comfort européen. Il était fort tard quand nous reprîmes le chemin de Madras; au retour, des chauves-souris grosses comme des pigeons ne cessèrent de voler autour de nous, et l'aboiement plaintif du chacal retentit souvent tout près de notre chemin.

BIBLIOTHÈQUE IMPÉRIALE IMPR.

III.

Promenade dans la ville de Canton[1].

Canton est une des cités les plus importantes et les plus populeuses du Céleste Empire; elle compte pour le moins un million d'habitants, la plupart originaires des provinces méridionales et réputés, même en Chine, pour être plus grossiers et moins moraux que les Chinois de la côte ou du centre du pays. Ils sont surtout animés, à l'égard des étrangers, de sentiments tout particulièrement malveillants, ce qui est assez singulier précisément dans une ville très-commerçante, qui est l'un des marchés du monde les plus fréquentés. Personne n'ignore que les établissements européens y sont parqués dans un

1. D'après Karl Andree, *Geographische Wanderungen*, 2 vol., Dresde, 1859.

T. I, p. 98. A. Moullon del.

UNE RUE DE CANTON.

BIBLIOTHÈQUE

quartier isolé et que les négociants des diverses nations qui y séjournaient ont été très-longtemps soumis à une sorte de séquestration du reste des humains; à part le quartier des factories, ils ne pouvaient circuler que dans quatre ou cinq rues adjacentes : Hog-lane, China-street, Bath-street, Physic-street, etc.; la ville chinoise proprement dite leur était rigoureusement fermée.

Ces quelques rues étaient d'ailleurs, à elles seules, déjà fort curieuses à parcourir, car c'est là que les étrangers allaient faire leurs emplettes, et elles regorgeaient de choses précieuses et de raretés. Le marchand de China-street reconnaît à première vue un nouvel arrivé. Il l'interpelle, l'invite à venir voir ses curiosités, et lui exhibe des objets en ivoire sculpté, des échiquiers avec toute sorte de pièces bizarres, des couteaux à papier, des peignes, etc., le tout merveilleusement fin et très-joliment travaillé. Il vend des écrans, des éventails, des stores peints à l'aquarelle et représentant diverses divinités de l'Olympe chinois; il ouvre un parapluie très-élégant et qui pourtant ne coûte pas plus de un ou deux francs de notre monnaie; il possède aussi des nattes finement tressées qui sont d'un bon marché inouï et qui remplacent en Chine nos persiennes; elles garantissent très-bien de la chaleur. Chez un autre marchand, on trouve des jouets, des collections d'insectes, des figurines d'argile, des cages, des pipes, des engins de pêche et des pièces d'artifice. A côté on a un grand choix d'objets de ménage de toute sorte, parmi lesquels il convient de citer des chaises remarquables à la fois par leur légèreté, leur gracieuse apparence et leur commodité. Les étrangers ne manquent jamais d'aller visiter dans China-street les fabriques de peintures et spécialement celle du fameux Lamkoï. Lamkoï est aujourd'hui le peintre le plus célèbre de l'Empire du milieu. Peut-être ne serez-vous pas fâchés que je vous introduise dans son atelier et que je vous fasse faire plus ample connaissance avec un artiste chinois.

Lamkoï demeure dans China-street et a une boutique au rez-de-chaussée de sa maison;

mais son atelier est dans Hog-lane; devant la porte pend une enseigne avec son nom. Dans ces rues-là, chaque maison a communément deux étages, jamais plus; la famille habite l'étage supérieur, lorsqu'elle ne réside pas à la campagne; à l'étage inférieur sont les ateliers et les boutiques: chez Lamkoï toute la maison est occupée par son industrie.

C'est un homme de progrès. Dans sa jeunesse il lui tomba entre les mains des gravures et des tableaux européens. Il se décida aussitôt à se rendre à Macao, où résidait le peintre anglais Chissery, apprit chez lui à dessiner et s'initia à l'art occidental. Son exemple trouva de nombreux imitateurs; une foule d'aspirants-artistes se rendirent à Macao, mais aucun n'arriva aussi loin que Lamkoï. Celui-ci comprend, du reste, et pratique l'art comme un véritable Chinois: il le traite en fabrique. Il a un certain nombre d'ouvriers qui savent faire une certaine chose à la perfection, mais qui, chacun, ne font absolument que celle-là: l'un peint des navires, un autre ne fait que le paysage, un troisième, que les oiseaux;

un quatrième a la spécialité des figures de dieux. Quand on arrive chez lui, on entre d'abord dans une chambre où se trouvent de grands tas de peintures sur papier de riz; — le papier, pour le dire en passant, vient de Nanking, et se fabrique avec la moelle d'une plante marécageuse, l'*Oischynomena paludosa;* — aux murs sont suspendues des peintures à l'huile. Dans la pièce à côté, on voit des pierres taillées, des sculptures en bois, et de charmants objets en laques, des boîtes, des brosses, des pinceaux, etc. A l'étage supérieur, huit ou dix peintres sont assis dans une même chambre devant des tables; ils ont les manches retroussées, et leur queue s'enroule autour de leur tête comme un turban, afin de ne pas les gêner et de ne pas traîner dans la couleur. Il n'y a rien, dans la décoration de la pièce, qui mérite d'être signalé; les murs sont garnis de peintures récemment achevées et parmi lesquelles l'acheteur peut tout de suite faire son choix; on y trouve notamment des copies à l'huile et à l'aquarelle de tableaux européens. Le Chinois se procure les modèles par l'entremise de marchands étrangers à qui il donne en échange des images chinoises. Les peintres de Canton copient avec une fidélité merveilleuse, et ils savent donner aux couleurs un incomparable éclat. Assis chacun sur un petit tabouret, ils travaillent fort proprement et avec une habileté qui ne laisse pas que d'être un peu mécanique. On encolle le papier de riz avec de l'alun, et dans le cours du travail on passe dessus six ou huit couches de cette substance, afin de fixer les couleurs et d'empêcher qu'elles ne percent. Le tout se fait d'après des recettes, dont les livres chinois sur la peinture contiennent un grand nombre. Il existe dans les mêmes livres une foule de dessins et de peintures représentant, selon leur forme sacramentelle, des hommes, des animaux, des buissons, des arbres, des maisons et des rochers. A-t-on à peindre un paysage, on copie ou l'on calque dans le livre de modèles une montagne, on y ajoute à volonté des arbres ou des personnages pris à la même source, et on arrive ainsi à faire des images qui peuvent être très-différentes les unes des autres, tout en n'étant, après tout, que des assemblages variables d'éléments identiques : c'est ce qui explique l'air de famille, si l'on peut s'exprimer ainsi, de toutes les peintures chinoises ; on le retrouve dans celles qui sortent de la fabrique de Lamkoï. Les artistes chinois n'ont pas l'esprit inventif, de sorte que, faisant toujours à peu près la même chose, ils s'appliquent à la faire avec une précision et un soin qui touchent à la minutie. Ils ne se servent pas de gomme dans la préparation de leurs couleurs, mais d'une sorte de colle forte dont ils ont toujours à côté d'eux une certaine quantité chaude. Le coloris de leurs peintures n'est réglé par aucun principe, ils le varient et le modifient selon le caprice du moment. Tous les Chinois ont, du reste, des dispositions toutes particulières pour l'imitation ; ils saisissent avec une merveilleuse promptitude l'ensemble et les détails des objets ; ils se les gravent dans la mémoire, et savent, dès l'âge le plus tendre, les reproduire avec une rare dextérité; un peintre chinois disait un jour sans trop d'exagération, en faisant allusion à ce sens national : « Je saurais peindre le vent lui-même pour peu que je le visse. » Les pinceaux dont on se sert pour la peinture ressemblent beaucoup à ceux avec lesquels les Chinois écrivent, seulement ils sont plus fins. On en a de gris, de bleus et de noirs; les noirs passent pour les meilleurs, mais ils sont fort rares; on ne sait pas à Canton avec les poils de quelle bête on les fabrique; d'après les on dit, ce serait avec les poils de la moustache des rats. Les bons pinceaux fins se payent fort cher.

Quittons maintenant l'atelier de Lamkoï et continuons notre promenade. En sortant de China-street, nous arrivons dans Physic-street, rue extraordinairement animée et accessible aux étrangers. Les colporteurs y coudoient les marchands de comestibles, le porte-faix s'annonce par son cri de *Lèlè*, et il faut lui faire place; mais aussitôt après s'avance une chaise à porteurs, et force est encore de s'effacer; on profite d'un moment où la circulation est interceptée pour s'approcher d'un marchand de journaux et lui acheter le dernier numéro de la *Gazette de Canton*, sauf à se la faire traduire par le premier interprète que l'on rencontrera. En continuant à flâner, on s'arrête devant une boutique de comestibles où s'étalent des nids d'oiseaux, des racines de ginseng, etc. Ce dernier produit croît en Pensylvanie et est amené de là à Canton; il revient moins cher que la véritable plante de Mongolie, dont l'empereur s'est réservé le monopole et qui se vend au poids de l'or. Dans une autre boutique s'étalent des objets en marbre; un peu plus loin loge un marchand d'antiquités, fort à la mode: les Chinois ont pour les raretés et les curiosités une véritable passion; ils aiment le rococo et se forment à grand prix des collections de bronzes, de vases, de médailles, d'objets en laque, etc. L'amateur chinois ne diffère guère, à cet égard, de l'amateur européen; il est infiniment heureux de posséder une statuette ou un vase ancien dont l'authenticité est bien établie, et son désespoir ne connaît point de bornes quand il est forcé de reconnaître qu'on l'a trompé par une habile contrefaçon. Il y a en Chine, comme en Italie, des fabriques d'antiquités admirablement montées et dont les produits peuvent défier même un œil exercé. On rencontre dans les collections une quantité de coupes, de tasses et de trépieds en bronze et en argent, élégamment ciselés et sur lesquels sont dessinés des dragons ailés, ou le Phénix chinois (*fongsaong*), ou d'autres êtres mythologiques. On estime aussi beaucoup les tasses en corne de rhinocéros, les vieux miroirs en métal, les vieux calendriers, les vieilles boussoles, — vous savez que les Chinois ont inventé la boussole 2,698 ans avant notre ère.

Dans le faubourg du Sud, non loin du fleuve, se trouve la place habituelle des exécutions. Je renonce à vous dire de combien de scènes sanglantes ce lieu a été nécessairement le théâtre : les Chinois ont eu jusqu'à ces derniers temps pour leurs criminels des supplices barbares. Celui de la roue, qui a disparu chez nous devant l'horreur universelle qu'il inspirait, n'était rien en comparaison des raffinements de cruauté dans lesquels on s'est longtemps complu dans le Céleste Empire. Aujourd'hui, si l'on ne fait pas encore de la vie et de la dignité humaines tout le cas que l'on devrait, on a du moins une manière moins odieuse de punir les coupables, et, si les lois n'ont pas changé, les mœurs en ont cependant beaucoup adouci l'application. Les condamnés à mort ont la tête tranchée ou sont garrottés, comme en Espagne. Pour des crimes n'entraînant pas la peine capitale, les châtiments varient : l'un des plus caractéristiques, celui de la cangue, consiste en un lourd collier de bois dont le condamné reste chargé nuit et jour pendant plus ou moins longtemps. Mais, en général, c'est le bâton qui est le correctif usuel. Encore les riches et les puissants échappent-ils aux peines corporelles et peuvent-ils les racheter par des amendes.

Je ne vous ferais pas un tableau complet des rues de Canton, si j'omettais d'y mentionner le barbier, qui y exerce souvent son ministère en plein vent et qui est devenu un personnage dans l'État, depuis que la mode de se raser la tête y a été introduite par le premier empereur tartare au milieu du dix-septième siècle, en même temps que la longue natte de cheveux, qui est aujourd'hui le signe distinctif des Chinois. Les médecins ne mettent pas plus de mystères que les barbiers dans l'exercice de leur profession ; on en rencontre à tous les coins de rue, vantant l'efficacité de leurs remèdes avec l'intarissable faconde et les tours de passe-passe de nos marchands d'orviétan. En citant au nombre des gens qu'on voit fonctionner dans les rues les barbiers et les médecins, je n'ai entendu parler que des gens sérieux et pénétrés de leur importance. Mais si vous y ajoutez les montreurs de souris blanches et d'animaux savants, les tireurs de cartes et les baladins de toute sorte qui encombrent les rues, vous comprendrez sans peine qu'il n'est pas pour un étranger de spectacle plus animé, plus varié et plus amusant.

IV.

Yeddo, capitale du Japon[1].

L'immense capitale du Japon se compose d'une série de quartiers ou, si l'on veut, de villes distinctes contenant non-seulement des habitations avec leurs jardins, mais encore de vastes terrains vagues, des parcs considérables, de très-nombreux cours d'eau. Je ne me hasarderai pas à préciser sa population ni sa superficie : il me suffira de dire que ses habitants se comptent par millions, trois ou quatre peut-être, et que, dans son plus grand diamètre, Yeddo a de quinze à vingt kilomètres pour le moins.

1. Les deux fragments qui suivent, sur Yeddo et sur le Daï-Boutz, sont rédigés d'après les lettres et les notes inédites de M. Henri Zuber, enseigne de vaisseau, qui a fait, à bord de la corvette de la marine impériale *le Primauguet*, un long voyage dans l'extrême Orient (1865-1868) et en a rapporté une relation et des dessins dans lesquels il a bien voulu me permettre de puiser au profit de mes lecteurs.

La partie centrale est le *Siro,* vaste enceinte de neuf ou dix kilomètres de tour, dans laquelle s'élèvent les palais du Taïcoun et des Gosankés, celui du Conseil d'État, etc. Vu de l'extérieur, le Siro est plutôt une citadelle qu'un séjour princier; d'immenses talus surmontés de murailles se baignent dans les eaux d'un fossé dont la largeur atteint de soixante à quatre-vingts mètres. Des pins séculaires se dressent par-dessus les murs et projettent leurs longues ombres sur le gazon des talus. Il semble que le maître de ces tristes lieux doive être un tyran, inaccessible aux sentiments humains, quelque Tibère enfermé dans son île. Heureusement il n'en est rien, le taïcoun actuel est un prince bon et intelligent, et l'histoire des trois derniers siècles suffit à expliquer les apparences sinistres de sa forteresse.

Dans le courant du seizième siècle, le *Mikado,* qui était alors le souverain effectif du Japon et qui nommait à sa guise les *daïmios,* c'est-à-dire les gouverneurs des provinces, eut une lutte à soutenir contre plusieurs daïmios qui avaient levé l'étendard de la révolte. Il chargea ses généraux ou *chiogouns* de combattre les rebelles, et dans les premiers temps il n'eut qu'à se louer de leurs loyaux services. Mais le chiogoun Taïkosama, qui commandait à une nombreuse armée, imagina de se rendre indépendant de son souverain. Il enferma le mikado dans son palais, en lui laissant, toutefois, beaucoup de prérogatives et des richesses considérables; puis il fit la guerre pour son propre compte, conquit plusieurs provinces et finit par se faire reconnaître par le mikado comme souverain temporel. Sur ces entrefaites, Taïkosama mourut; son jeune fils fut assassiné par son précepteur, Hieas ou Gongen, qui s'empara du pouvoir et vint se fixer à Yeddo. Les guerres continuèrent entre les daïmios et Hieas, comme naguère avec son prédécesseur, et ne prirent fin que par des traités qui, sous le nom de *lois de Gongensama*, règlent ou réglaient, il y a peu de temps encore, les relations du taïcoun avec les grands vassaux, devenus, à leur tour, héréditaires. Des fils de Hieas, l'un devint

T. I, p. 113.

Dessiné d'après nature par H. Zuber.

VUE D'UN PALAIS DE DAÏMIO A YEDDO.

taïcoun; les trois autres reçurent les principautés de Mito, d'Owari et de Kousiou : ce sont là les *gosankés;* quand un taïcoun n'a pas d'héritier direct, son successeur est choisi par suffrage dans une des trois familles gosankés. Le Siro construit par Hieas devait avoir nécessairement un aspect guerrier, une autorité comme celle des taïcouns ne pouvant s'affermir que par la force.

Il n'est pas permis aux étrangers de visiter les palais du Siro; du reste, au dire des ministres qui y ont pénétré, ils sont d'une grande simplicité et ne se distinguent que par la grandeur des lignes et la beauté des matériaux employés à leur construction.

Le Siro est entouré de trois côtés par le *Sotto-Siro,* et du quatrième, du côté du sud-est, par la *Cité,* qui s'étend jusqu'à la mer.

La partie méridionale du Sotto-Siro est occupée par des palais de daïmios. D'après les lois de Gongensama, les dix-huit grands daïmios étaient à peu près libres de gouverner leurs provinces comme ils l'entendaient; mais comme signe de leur dépendance, ils devaient résider à Yeddo pendant une partie de l'année. Ils venaient alors escortés de nombreux soldats et s'établissaient dans leurs palais comme dans des forteresses. Rien n'égale la tristesse de ce quartier, d'où la vie semble s'être retirée. Les rues larges et droites sont bordées par deux files de longs bâtiments à un étage, dont les lignes monotones sont rompues, de distance en distance, par des portes massives surmontées des armoiries du seigneur. Un silence sépulcral règne autour de ces demeures, et l'on ne rencontre dans les rues que quelques rares cortéges de nobles s'avançant gravement au pas de leurs chevaux ou portés dans des litières. Il ne faudrait pas croire cependant que tout est mort dans l'intérieur de ces palais; souvent on entend le bruit des armes, les roulements du tambour, et si, par hasard, une porte s'ouvre, on aperçoit des pièces de canon manœuvrées par les soldats du prince.

La partie occidentale du Sotto-Siro offre

plus de mouvement et d'animation; c'est celle qu'habitent les officiers et les employés du taïcoun. Mais on n'y trouve pas encore cette exubérance de vie qui frappe au nord et à l'est du Siro, dans ce que l'on nomme la Cité, vaste quartier marchand, entrecoupé d'une infinité de canaux qui le divisent en îlots isolés les uns des autres, en vue soit du feu, soit du vol. Ici les plus riches négociants ont leurs entrepôts; tout le jour les voitures à bras circulent poussées par de vigoureux coolies, les jonques se chargent et se déchargent, une population affairée se croise dans tous les sens; enfin le grand commerce se révèle sous son aspect le plus fiévreux.

Au nord, à l'ouest et au sud du Sotto-Siro, s'étend le Midsi, qui est la véritable ville, habitée par les bourgeois, les artisans, les commerçants moins relevés. Les parcs et les temples y sont nombreux et lui donnent un caractère tout à fait pittoresque. L'un des édifices les plus curieux du Midsi est le temple de la déesse Guannon-sama, à Asana; malheureusement la foule est telle aux alentours que l'on ne peut, sans de sérieux dangers, étudier l'édifice avec toute l'attention qu'il mériterait; il faut passer en courant devant les temples, les statues et les innombrables boutiques d'animaux, de plantes et d'objets sacrés qui encombrent le parc. La déesse Guannon-sama est, au Japon, l'objet d'une vénération particulière; elle a des temples un peu partout; mais, à Asana, une pratique assez singulière distingue le culte qu'on lui rend: tous les jours à la même heure, un prêtre amène devant la statue un cheval blanc comme de l'ivoire et demande à la déesse s'il lui plaît d'aller faire une promenade; il attend quelques instants la réponse, et comme il n'en reçoit pas, il ramène le cheval à l'écurie, sauf à recommencer le même manége le lendemain. Un autre parc curieux est celui d'Odsi, dans lequel s'élèvent le temple des Convenances et celui de Gongensama. On voit dans le second, fondé par Hieas, une grosse pierre qu'il suffit de soulever jusqu'à son front, pour être heureux le restant de ses jours; puis, la statue d'un renard sur laquelle on jette des boulettes de papier mâché, et qui donne aussi de bons présages, quand les boulettes restent collées à ses flancs. Près de tous les temples, on trouve, comme chez nous, des ex-voto, des tableaux représentant soit une scène de deuil, soit un membre malade.

Le Midsi communique avec le Sotto-Siro par un grand nombre de ponts dont le plus remarquable est le Nippon-bachi : là viennent aboutir les deux grandes voies du Japon, le *Tokaïdo* (route de l'Ouest) et l'*Oskiokaïdo* (route du Nord) ; le pont a été choisi comme point de départ des distances.

Le Midsi n'est limité que du côté de l'est par l'Okava (grande rivière) et par la mer. Dans les trois autres directions, il s'étend indéfiniment et se relie si bien, par d'innombrables villas, aux bourgades voisines qu'il est difficile de dire où finit Yeddo et où commence la campagne ; ce qui est certain, c'est que la ville est extrêmement peuplée, et qu'elle a, comparée à des villes européennes, comme Paris ou Londres, une étendue énorme par rapport à sa population. C'est dans le Midsi que se trouvent les diverses légations européennes. La légation française est une ancienne bonzerie, entourée de deux cimetières et peu éloignée de la *mia* (temple sintiste) de Saikaidji. On ne peut pas dire qu'elle soit somptueusement installée, mais la situation sur une hauteur en est admirable. On voit à ses pieds le Tokaïdo, qui ressemble à la route d'une fourmilière, et plus loin, la mer azurée avec les cinq forts de la rade et la foule des jonques mouillées sous leur protection. Au reste, les éminences, et par suite, les beaux points de vue se rencontrent fréquemment dans la vaste étendue du Midsi. Il y en a une à deux ou trois kilomètres au nord de la légation, l'Atango-san-Yama, d'où l'on découvre une grande partie de la ville de Yeddo. En regardant vers la mer, on voit à sa droite l'enceinte des tombeaux des Taïcouns, magnifique parc planté des plus belles essences d'arbres et émaillé de nombreuses pagodes dont la plus grande a jusqu'à cinq toits superposés; à gauche s'étendent la Cité et le Sotto-Siro, dominé par les grands pins du Siro.

Au sud du Midsi est un faubourg, nommé Sinagava, qui longe la mer ; c'est un quartier assez mal famé, et où un étranger ne pourrait s'aventurer seul, sans être aussitôt haché en morceaux. C'est là, en effet, que se donnent rendez-vous tous les mauvais sujets, les *lonines* (nobles sans emploi, qui ont été chassés par leurs seigneurs ou les ont volontairement abandonnés, et qui sont de véritables bandits); c'est là que se trament les complots et les crimes. L'aspect, au surplus, n'est pas rassurant; à chaque pas on rencontre quelque solide gaillard armé de deux sabres, qui, la face à demi voilée par un mouchoir, vous jette de sinistres regards, sinon des menaces. Il faut le revolver pour tenir ces adversaires en respect.

Il ne me reste qu'un mot à dire d'un quartier relativement peu étendu, situé de l'autre côté du fleuve Okava : c'est le *Hondjo*, siége des chantiers et magasins du gouvernement, peu fait pour piquer la curiosité des étrangers.

On y trouve à côté des bâtiments officiels quelques demeures de daïmios; tout le quartier a le caractère silencieux et mélancolique que j'ai déjà relevé à propos de certaines parties du Sotto-Siro.

V.

Excursion au Daï-Boutz (Japon).

Nous avions projeté, depuis longtemps, d'aller visiter le Daï-Boutz (littéralement : Grand-Bouddha), statue colossale en bronze, élevée à une huitaine de lieues de Yokohama en l'honneur de la principale divinité des Japonais ; mais le temps nous avait si mal servis que nous avions dû ajourner de semaine en semaine cette excursion. Nous commencions à désespérer de la faire, quand une série de beaux jours nous rendit le courage : seulement, à ce moment, plusieurs obstacles s'opposèrent au départ de trois des membres de l'expédition projetée, de sorte que nous étions réduits à deux, mon camarade P*** et moi. Nous n'aurions guère pu, dans ces conditions, nous aventurer dans l'intérieur du pays. J'eus alors l'idée de proposer au commandant et à quelques officiers de nous accompagner, ce qu'ils acceptèrent avec plaisir.

Le 17 mars 1866, nous nous mettions en route par un temps magnifique, à pied, sous la conduite d'un guide indigène. Au bout d'une demi-heure de marche, dans un pays admirablement boisé, nous nous trouvâmes près des pagodes des Deux-Sœurs, dont la construction rappelle une jolie légende. Lors d'un grand fléau qui désolait le pays, disent les Japonais, deux sœurs, belles comme l'aurore, s'offrirent en sacrifice pour apaiser la colère des dieux; on les immola à l'endroit même où s'élèvent aujourd'hui deux petits monuments d'une élégance exceptionnelle. Chacune des pagodes consiste en un petit bâtiment de bois, affectant la forme d'un carré long et posé sur un socle de maçonnerie. Un balcon, auquel on arrive par un large escalier de six ou huit marches, règne tout autour de l'édifice. L'escalier occupe l'un des grands côtés du rectangle, celui qui est percé de la porte qu'on ouvre les jours de culte. Il est protégé par une sorte de portique en bois sculpté que soutiennent deux colonnes également en bois, ornées de figures emblématiques. Au reste, comme c'est l'usage dans la plupart des constructions japonaises, le toit de chaume de l'édifice proémine assez pour qu'on puisse circuler sur le balcon à l'abri de la pluie et du soleil; et les petits côtés, que ne garantirait pas le toit lui-même, sont protégés par de larges auvents. Toutes les frises et les colonnettes de la galerie circulaire sont ornées de figures délicatement fouillées.

Peu après avoir dépassé les pagodes, nous entrâmes dans une longue vallée, au fond de laquelle serpentait notre chemin. Il nous conduisait tantôt au milieu des rizières, tantôt dans des bois touffus; souvent aussi il nous faisait traverser un joli village, bien propre, dont les habitants nous saluaient amicalement. Chaque fois que nous nous élevions un peu, nous jouissions d'une vue charmante : le premier plan était formé par de majestueux groupes d'arbres dont les fortes teintes se détachaient sur la blancheur immaculée du Fusi-Yama ou sur un voluptueux horizon de côtes baignées par une mer d'azur. De nombreuses pagodes bordent le chemin; elles sont toutes délicieusement situées : un grand dôme de verdure les ombrage et leur donne le mystère et le calme qui conviennent aux lieux saints. Ce n'est pas la richesse qui les distingue, car le bois et le chaume en font généralement tous les frais. Mais le lieu même où elles ont été construites fait honneur au sentiment religieux des habitants ; c'est là où ils trouvent la nature plus belle que les Japonais éprouvent, ou du moins éprouvaient, le besoin de s'approcher de la divinité et d'exprimer cette émotion que tout homme ressent en face des splendeurs de la création.

Quatre heures d'une marche interrompue par quelque temps de repos dans les maisons de thé, nous menèrent au sommet d'un monticule plus élevé que ses voisins. L'œil embrassait de là un panorama qui ne doit guère avoir son pareil dans le monde. Au pied de la colline, que recouvrait une sombre forêt, un lac tout étincelant des feux d'un soleil radieux, reflétait la fraîche et riante image du bourg de Kanasava. Quelques voiles blanches se dirigeaient lentement vers la mer, en passant par un étroit canal bordé de prairies verdoyantes, et ce calme et gracieux paysage dont le regard se détachait avec peine, était encadré, d'un côté, par l'océan immense qui se développait à perte de vue avec ses îles brumeuses et ses nombreux navires, de l'autre, par une succession de vallées et de collines que dominait, dans tout son éclat et toute sa majesté, le cône argenté du volcan japonais, le Fusi-Yama.

Une demi-heure après, nous nous installions dans une des auberges de Kanasava, où nous avaient précédés, par mer, le cuisinier et le maître d'hôtel du commandant. Grâce à eux, nous fîmes, sans souci de la couleur locale, un excellent dîner à l'européenne; en dépit de mon enthousiasme pour l'empire du soleil levant, j'avoue franchement que je préfère la fourchette aux petits bâtons, le bordeaux au saqui ou au thé, et les viandes succulentes au riz et au poisson. La simplicité des hôtelleries japonaises implique une grande simplicité de besoins de la part des Nipons. Une cuisine, une salle de bains et quelques pièces parfaitement nues répondent à toutes leurs exigences. Le voyageur, après avoir fait ses ablutions, s'installe dans une chambre et goûte le repos en fumant et en causant. S'il veut manger, on lui apporte sur un plateau quelques mets légers disposés avec une propreté appétissante; l'inévitable thé accompagne le repas; quelquefois on y joint du saqui. Veut-il dormir, une sorte de grande robe de chambre très-chaude et un oreiller en bois recouvert de papier lui serviront de lit; il s'enveloppera dans le *kimono*, s'étendra sur des nattes, la tête appuyée sur l'oreiller, et attendra ainsi que le Morphée japonais lui verse ses pavots.

Il faisait nuit, quand nous quittâmes la table. Kanasava reposait tranquille au bord de son lac, les lumières s'éteignaient une à une, les paysans attardés regagnaient leurs logis en s'éclairant d'une lanterne de papier; bientôt tout allait sommeiller. On proposa

Dessiné d'après nature par H. Zuber.

T. I, p. 126.

LES TEMPLES DE KAMAKOURA (JAPON)

d'aller, avant de se coucher, faire un tour dans le village, et nous nous mîmes en route. La première maison éclairée qui se trouva sur notre route fut envahie : c'était celle d'un perruquier. L'artiste exerçait ses fonctions sur un malheureux qui, par coquetterie sans doute, subissait un vrai martyre. Les Japonais ont l'habitude de se raser sur le devant de la tête une place carrée. Puis ils ramènent, à grand renfort de coups de brosse et de cosmétique, tous les cheveux des côtés et de derrière sur le sommet, où ils les nouent extrêmement serrés. La natte ainsi formée est à son tour étirée, peignée, brossée et pommadée de manière à prendre l'apparence d'un boudin qu'on ramène par devant au milieu de la partie rasée, et qu'on coupe net au sommet du front. On comprend ce qu'une semblable opération doit faire souffrir au patient. Nous visitâmes encore quelques cases; puis le sommeil se faisant sentir, il fallut imiter les Nipons. Nous allâmes nous envelopper dans nos *kimonos*, et la fatigue nous empêcha heureusement de constater les nombreux inconvénients du mode de couchage auquel nous étions astreints.

Le lendemain matin, le temps était tout gris. Une pluie fine et continue présageait une triste journée. Néanmoins, dès six heures, nous étions en route, abrités sous de larges parapluies en papier et chassant la mauvaise humeur par la gaieté de notre conversation. Nous passâmes devant le palais du daïmio de Joukoura, qui est si bien caché qu'il s'en fallut de bien peu que nous ne l'aperçussions pas. Il est bâti entre deux hautes falaises élevées de main d'homme et formant plusieurs angles; de fortes palissades, précédées d'un fossé, défendent l'entrée de cette gorge artificielle. Aucun Européen n'a encore pu pénétrer dans l'une de ces mystérieuses demeures seigneuriales; c'est un sanctuaire où le prince, jaloux de sa puissance, se met à l'abri de notre influence égalitaire et dévore sourdement sa haine de l'étranger.

A neuf heures, nous arrivâmes, toujours par la pluie, à Kamakoura. Une fois à l'abri, et avant de nous laisser aller à de stériles lamentations, nous résolûmes de savourer un excellent déjeuner froid que nous avions emporté. Bien nous en prit; car, pendant que nous faisions main basse sur les faisans et les jambons, un joli soleil tout rond s'était montré dans le ciel brumeux et pompait bravement les eaux du matin. Nous pûmes donc visiter à peu près à sec les monuments du village.

Kamakoura était autrefois l'une des plus grandes villes du Japon. A la suite d'une grande bataille livrée dans ses environs à l'époque de l'usurpation des Taïcouns, elle fut presque entièrement détruite. Mais il lui reste de magnifiques vestiges de son antique splendeur. Les temples de Kamakoura doivent être mis au premier rang parmi les curiosités de l'extrême Orient. Ils sont adossés à une colline boisée et entourés d'un parc magnifique qui, lui-même, est limité par un large fossé où les sarcelles et les canards sacrés prennent de joyeux ébats. On arrive au parc par une longue allée de pins séculaires qui aboutit à la plage. Deux ponts, l'un en bois laqué, l'autre en pierre, permettent de franchir le fossé. Enfin on se trouve devant un portique orné de statues représentant l'Étonnement et la Colère, et qui donne entrée dans la grande enceinte des édifices sacrés.

Ces édifices sont au nombre de neuf: quatre d'entre eux forment un carré, dont le cinquième occupe le centre; le sixième se trouve sur la droite; les trois autres tiennent le sommet d'une plate-forme élevée à laquelle conduit un magnifique escalier. L'architecture de ces temples paraît, on le conçoit sans peine, extrêmement bizarre à des Européens : les uns sont ronds et surmontés de plusieurs toits carrés superposés; les autres, de forme rectangulaire avec un vaste toit de chaume, rappellent les pagodes des Deux-Sœurs. Tous sont peints en rouge. L'ensemble a un air de grandeur qui impressionne vivement; il faut que ces temples aient été élevés à une époque où l'influence religieuse était beaucoup plus puissante qu'à présent; car certes, les Japonais d'aujourd'hui n'auraient pas même l'idée d'élever à la Divinité un semblable monument. Il ne nous fut pas donné de voir l'intérieur des pagodes : sitôt qu'un Européen s'approche, les bonzes se mettent en demeure de fermer soigneusement toutes les ouvertures, afin de ne pas laisser profaner des lieux saints entre tous.

Nous suivîmes, pour aller au Daï-Boutz, la longue allée de pins dont j'ai parlé plus haut. Avant d'arriver au but dernier de notre excursion, nous visitâmes encore un temple consacré à la déesse Guannon-sama. On n'y voit de remarquable que la statue de la déesse en bois doré et haute d'environ dix mètres. C'est un colosse d'un beau travail, mais dénué d'expression, comme la plupart des divinités japonaises ; il est placé au fond de la pagode, derrière une boiserie qui s'enlève aux grands jours. L'obscurité la plus profonde entoure habituellement l'idole, et nous ne pûmes la contempler qu'à la lueur discrète de cinq ou six grandes lanternes de papier.

Enfin nous nous arrêtâmes en face du Daï-Boutz. Nous en avions tous tellement entendu parler, et en termes si hyperboliques, que nous ne pûmes au premier moment nous défendre de quelque déception. Cependant, une inspection plus approfondie lui conquit bientôt notre admiration, ou, plutôt, nous pénétra d'un étonnement respectueux, sinon pour le gros dieu en lui-même, du moins pour le génie industriel qui avait enfanté cette colossale production. Le Daï-Boutz est une statue de bronze de vingt mètres de haut, représentant un Bouddha assis à l'orientale et placé sur une base en maçonnerie qui ne mesure pas moins de soixante pas de tour. L'intérieur de la statue forme un oratoire dont les parois, comme celles de nos plus beaux monuments européens, sont déparées par une foule de noms propres étrangers et de réflexions plus ou moins saugrenues. Devant le dieu, à ses pieds, se trouvent un autel et des plaques de bronze portant des versets sacrés. La physionomie glaciale, j'oserai presque dire, stupide de l'idole cause une impression pénible; on se demande comment il a été possible de se représenter ainsi le Bouddha, l'incarnation du pur esprit. Sa grande ressemblance avec les bouddhas chinois semblerait indiquer que la statue a été érigée peu après l'introduction du bouddhisme au Japon, c'est-à-dire au quinzième siècle.

Le temps, qui avait été fort beau depuis notre déjeuner, se couvrit au moment où nous reprenions la route de Kanasava. Peu après, un grand vent, accompagné de pluie, s'éleva et rendit notre retour aussi désagréable que notre venue. Nous nous couchâmes au bruit du vent, qui secouait horriblement les châssis, recouverts de papier, de la maison; le lac, si calme la veille, était tourmenté par les rafales et nous faisait supposer que la mer devait être terrible. Nous ne dormîmes pas beaucoup. Heureusement, vers le matin, le temps se rasséréna, et à cinq heures nous étions de retour à bord sains et saufs, et enchantés d'une expédition dont la franche et libre gaieté avait fait une agréable diversion à l'indispensable discipline de chaque jour.

AFRIQUE.

AFRIQUE.

I.

Quelques mots sur les mœurs des Cafres[1].

Les Cafres appartiennent à une belle et vigoureuse race. Les hommes ont presque tous plus de cinq pieds de haut, et sont à la fois larges de poitrine et bien musclés. L'obésité est tout à fait inconnue chez eux, même lorsqu'ils vivent dans l'abondance. Leur attitude est droite et fière, leur démarche légère. Ils ont la peau d'un brun noirâtre, et leur tête porte dans sa conformation tous les signes caractéristiques de la race éthiopienne : les pommettes sont moins saillantes et le nez moins écrasé que chez les autres peuples voisins de l'Équateur. Hommes et femmes

---

1. Kletke, *Länder und Völker*, Berlin, 1860, d'après une relation publiée par la *Wiener Zeitung*.

ont la chevelure courte et crépue; la barbe des hommes est également crépue et passablement clair-semée. Quant aux yeux, généralement bruns, ils ont quelque chose de louche et d'incertain : il est rare qu'un Cafre regarde en face ceux à qui il parle. Les dents sont remarquablement blanches pour un peuple où les individus des deux sexes fument avec passion.

Les Cafres ont l'habitude de se teindre tout le corps en rouge; ils s'enduisent, à cet effet, d'ocre mêlée à de la graisse de bœuf. Ils donnent la même couleur à la couverture de laine qui constitue leur principal vêtement, et qu'ils portent, tantôt sur leurs épaules comme un manteau, tantôt sur le bras. Quand ils s'apprêtent au combat, ou dans le voisinage de leurs habitations, ils se débarrassent complétement de ce vêtement. Les femmes, teintes comme les hommes, se font avec des peaux de grossiers habillements, qu'elles portent la toison en dedans. Leur vêtement principal descend jusqu'au genou et s'agrafe sur l'épaule de manière à laisser libre l'un des bras. Elles

T. I, p. 188. A. Mouillon del.

HABITANTS DE LA CAFRERIE.

portent, de plus, sur la poitrine une pièce d'étoffe garnie de rangs de perles blanches et noires, qui sont longs d'un pied et pendent sur le reste du costume. Par-dessus tout cela, elles mettent encore soit une couverture de laine, soit un manteau de fourrure qui descend jusqu'aux pieds. Les hommes et les femmes attachent beaucoup de prix à certains ornements qu'ils se procurent chez des marchands européens, en échange de peaux de bœufs. Leurs oreilles et leurs doigts, leurs jambes et leurs bras sont garnis d'anneaux de laiton, et ils tiennent pour un ornement de grand luxe un collier formé de plusieurs rangs de petites perles de porcelaine noire ou de dents d'animaux.

La richesse des Cafres consiste en des troupeaux de bœufs et de chèvres, dont la garde est considérée comme un privilége du sexe masculin. Le bétail paît pendant la journée dans le voisinage des hameaux ou *kraals*, et le soir on le ramène dans un enclos circulaire fermé par des pieds de mimosa enchevêtrés, et tout à fait impénétrable. Les huttes des habitants s'étagent tout à l'entour; elles ont la forme de grandes ruches, et c'est généralement aux femmes qu'incombe le soin de les construire. Elles enfoncent dans la terre, à une trentaine de centimètres de profondeur, des baguettes flexibles, de trois à quatre mètres d'élévation, et disposés en cercle. Les extrémités supérieures, rapprochées et solidement liées ensemble, forment une sorte de dôme, dont les côtés sont remplis par de menues branches entre-croisées et rembourrées avec de l'herbe sèche, de manière que la pluie s'écoule extérieurement et sans pénétrer dans la hutte même; celle-ci ne reçoit d'autre ouverture qu'une petite porte basse.

Dans le voisinage des kraals, et surtout sur les bords des fleuves ou des ruisseaux, les femmes cultivent du maïs et du café, qui constituent les principaux aliments de la population. On apprête ces graines ou bien bouillies ou bien écrasées entre des pierres; la farine qu'on en retire est pétrie en gâteaux qu'on cuit sous la cendre. En outre, les Cafres consomment beaucoup de lait caillé; ils aiment la viande, mais, à part le gibier, ils se donnent rarement la satisfaction d'en manger, parce qu'ils tiennent trop à leurs bestiaux pour les abattre sans nécessité absolue, quand ils n'ont pas un sacrifice à faire, une fête à célébrer ou une campagne à préparer. Ils mangent la viande bouillie ou rôtie sous la cendre. Leurs repas se font à peu près aux mêmes heures que les nôtres, l'un avant midi, l'autre après le coucher du soleil, c'est-à-dire vers six ou sept heures du soir.

Le mobilier des huttes est, on le conçoit, des plus primitifs : quelques outres en cuir, dans lesquelles on recueille le lait, quelques corbeilles, dans lesquelles on fait égoutter et on sert le lait caillé, des nattes grossières, sur lesquelles on se couche, et c'est tout. Pour serrer les objets de menue dimension, les Cafres confectionnent de petits sacs en peau qu'ils suspendent après eux. Quant aux quelques objets qu'ils possèdent : marmites, haches, fers de javelots (dont ils se servent pour les usages domestiques en guise de couteaux), ce sont les blancs qui les leur fournissent par voie d'échange.

Le javelot (*umkonto*) est une baguette élastique d'un mètre et demi de long, terminée par une pointe de fer de cinquante centimètres qui y est solidement fixée à l'aide de bandelettes de cuir. Gros comme le doigt à l'extrémité où s'y enserre le fer, le javelot s'amincit vers l'autre bout. Les Cafres le lancent à une distance d'environ soixante mètres et atteignent toujours leur but à trente ou quarante. Comme les pointes sont à double tranchant et munies de crocs, elles font des blessures profondes et dangereuses. Outre leurs javelots, les Cafres sont encore armés de gros bâtons noueux qu'ils manient comme une massue, et portent communément sur l'épaule au nombre d'un ou de deux. Il est curieux d'observer avec quelle précision ils savent aussi lancer ces bâtons : il n'est pas rare de les voir tout jeunes frapper ainsi un oiseau au vol. Quelques-uns d'entre eux possèdent des armes à feu, provenant de dons ou d'échange, mais généralement en si mauvais état qu'elles sont plus dangereuses pour celui qui les manie que pour l'ennemi qu'elles doivent servir à atteindre. Les Cafres auraient été bien plus redoutables pour les Européens si, au lieu de s'attacher à se procurer des fusils d'une qualité nécessairement inférieure et qu'ils ne savent pas manier avec ensemble, ils avaient cherché à tirer parti de leurs ressources et de leur adresse propres et compensé la défectuosité de leur armement national par leur union et leur bonne entente; mais tous leurs petits chefs sont jaloux les uns des autres et s'affaiblissent par leur incessante rivalité.

Le courage personnel est une vertu commune chez les Cafres; ils sont, en outre, d'excellents nageurs et des marcheurs tout à fait remarquables. Avec la finesse de leur ouïe, leur vue perçante et leur habileté à trouver la trace des hommes et des animaux, il ne leur arrive guère d'être surpris par les mouvements de l'ennemi. S'ils avaient de bons chefs, ils auraient pu être pour les blancs des adversaires d'autant plus sérieux qu'ils n'ont pas besoin, comme nous, de se faire suivre de longs convois de vivres et de bagages: chaque homme porte avec lui sa couverture de laine, ainsi que quelques menues provisions de bouche, et à cela se bornent toutes ses exigences.

Ils combattent tantôt à pied, tantôt à cheval; leurs petits chevaux, très-durs à la fatigue, parcourent au galop, leur allure habituelle, de cinquante à soixante kilomètres par jour, et ne reçoivent presque aucune espèce de soin : l'herbe est leur unique fourrage. Le harnachement est des plus simples; on rencontre par-ci par-là une vieille selle européenne, mais d'ordinaire les Cafres montent sur des couvertures pliées ou sur des peaux d'animaux.

Leurs divertissements favoris sont la danse, la chasse et les courses de bœufs; ils apportent à ce dernier plaisir la même passion que les Anglais aux courses de chevaux. Les bêtes qu'on y destine sont préparées de longue main; aussi quand elles arrivent sur le champ de course, s'aperçoit-on aisément à leur impatience qu'elles savent ce qu'on attend d'elles. Lorsqu'enfin on les lâche, elles se précipitent, sans cavalier bien entendu, sur les traces d'une troupe de Cafres à cheval qui galopent devant elles en les excitant par des cris et des sifflements. L'espace à parcourir, la *piste*, a environ deux kilomètres de longueur. Les chasses se font aussi toujours en nombreuse compagnie. Une partie de la troupe se cache, armée de javelots et de bâtons, derrière des pierres ou des buissons, de manière à former un arc de cercle. Le reste des chasseurs bat le pays compris dans le cercle et ramène le gibier vers ceux qui sont à l'affût. Les danses n'ont aucune analogie avec ce que nous appelons ainsi en Europe ; elles consistent pour les hommes en des mouvements désordonnés des jambes et des bras, en des gestes bizarres et en des bonds qui se succèdent jusqu'à épuisement. Les femmes, pendant ce temps, s'assoient en cercle autour des hommes, et ne prennent d'autre part au divertissement qu'en battant des mains en mesure et en poussant de petits grognements particuliers. Ce n'est pas que les instruments de musique leur soient complétement inconnus : le moins mauvais qu'ils possèdent, consiste en une citrouille desséchée et vidée sur laquelle sont tendues quelques cordes qui rendent un bruit sourd quand on les pince; ils connaissent aussi le tambourin et, depuis quelques années, le petit harmonica de bouche. Avec un aussi pauvre matériel, on ne peut pourtant pas dire que le sens musical leur fasse défaut; ainsi les enfants répètent assez correctement, en sifflant, les airs qu'ils ont eu l'occasion d'entendre jouer; mais généralement le chant des Cafres est extrêmement monotone, ce sont les notes d'un accord mineur qu'ils répètent, presque sans variations, les unes après les autres en descendant. On ne connaît point de mélodies qui leur soient propres. Ils prononcent souvent quelques paroles en chantant; mais sans qu'elles forment une poésie, ni même une phrase raisonnable; une femme qui chantait en arrosant son champ a répété le mot *amanzi*, qui veut dire eau, pendant tout le temps qu'a duré son travail.

Toutefois, s'ils n'ont pas l'instinct de la chanson, ils paraissent avoir à un assez haut degré celui de la déclamation. Ils racontent à haute voix des traits de leur vie de pasteurs, décrivent, par exemple, le lieu où se trouvait le kraal de leurs pères, font l'éloge de l'eau qu'on y buvait, dépeignent quel plaisir les hommes et les bestiaux avaient à s'en désaltérer, quelle prompte croissance leurs vaches avaient prise sur leurs gras pâturages, quel excellent lait elles fournissaient, etc.; et ils s'animent parfois tellement dans leurs récits qu'ils touchent à une sorte d'éloquence sauvage. Quand les nuits sont belles, ils restent souvent le soir de longues heures, accroupis dans leurs huttes autour du feu, à écouter de semblables histoires.

Ils ne savent que peu de chose de ce qui est antérieur à leur propre vie, parce que la science de la chronologie leur est tout à fait étrangère. Un Cafre ne dira jamais : « Il y a tant d'années, je fis telle chose », le mot d'année est pour lui vide de sens; il rattache les événements à l'époque d'une bataille gagnée ou perdue, à l'avénement d'un chef, à une épizootie, d'où il suit forcément que, de semblables faits se reproduisant à des intervalles assez rapprochés, la plus grande confusion règne dans ses souvenirs. Cependant, les Cafres distinguent certaines parties de l'année, certains jours, et ils ont des dénominations spéciales pour le soleil et pour les diverses phases de la lune. Du reste, ils acceptent la lumière et la chaleur comme deux choses fort agréables en elles-mêmes; ils admirent même volontiers le ciel étoilé, mais sans se rendre aucun compte des lois qui régissent ces divers phénomènes ou qui gouvernent les astres, et sans donner aucun nom à telle étoile en particulier.

II.

Les Derviches hurleurs[1].

Tous les vendredis, jours de repos des musulmans, les derviches hurleurs du Caire tiennent leurs assemblées religieuses dans la mosquée de Kasr-el-Aineh, située hors la ville vers le sud. Nous résolûmes de ne pas manquer ce curieux spectacle, d'autant plus que nous avions, pour y assister, une très-agréable promenade à faire. Plusieurs autres voyageurs se joignirent à nous, et, montés chacun sur un âne fringant, accompagnés de nos saïs et guidés par deux drogmans, nous nous mîmes en route avec les meilleures dispositions d'entrain et de gaieté. Pendant que, pour sortir de la ville, nous nous faufilions à travers un vrai dédale de ruelles tortueuses

1. D'après ONOMANDER (prince Frédéric de Schleswig-Holstein), Hambourg, 1859.

et étroites, nous tombâmes, sur une petite place, au beau milieu d'une fantasia, d'un de ces grands cortéges que la population arabe de l'Égypte aime si passionnément et qu'elle organise sous le premier prétexte venu : fiançailles, mariage, circoncision ou telle autre fête de famille. Pour les gens riches, les fantasias sont l'occasion d'un grand déploiement de faste, sans, du reste, avoir aujourd'hui d'autre valeur et d'autre intérêt que ceux d'un antique usage. En tête du cortége marche une bruyante musique de fifres, de cimbales et de tamtams; immédiatement après s'avance à cheval la personne qui est l'objet de la démonstration, entourée de parents, d'amis et de curieux. Comme les Arabes sont fort superstitieux, il ne manque jamais, dans ces sortes d'exhibitions, de gens qui jettent constamment sur les assistants du sel et de l'eau pour les préserver de tous les accidents, conséquence fatale, à leurs yeux, des éloges et des congratulations des spectateurs. Les Arabes protégent par des pratiques analogues leurs chevaux, qu'ils affectionnent presque à l'égal des membres de leur famille. Quand une fantasia a lieu à l'occasion d'un mariage, le cortége se compose exclusivement de femmes complétement voilées, qui accompagnent la fiancée à âne; celle-ci est cachée à tous les regards indiscrets par un écran porté par deux serviteurs: c'est à peine si l'on aperçoit le bout de ses pieds. Au moment de quitter la maison des parents de la jeune fille, toutes ses compagnes poussent un grand cri de joie et continuent leurs vivat jusqu'à leur arrivée au domicile des nouveaux époux. Ce spectacle ne laisse pas que d'être assez risible pour les indifférents.

Mais les fantasias ne sont pas toujours provoquées par quelque événement solennel; elles n'ont souvent d'autre but que d'amuser ceux qui y prennent part, et se traduisent sur toutes les places publiques que traverse le cortége en danses mimiques, en pantomimes, en représentations dramatiques, ou en luttes courtoises auxquelles le premier venu peut se mêler moyennant une légère contribution pécuniaire. Cette contribution est au bénéfice soit de l'organisateur du spectacle, soit du vainqueur, s'il s'est agi d'une lutte ou d'un jeu d'adresse.

C'est au milieu d'une fantasia de cette seconde espèce que nous tombâmes à l'improviste. Aussitôt Halil, l'un de nos drogmans, sauta à bas de son âne pour courir les chances d'un combat et nous donner une preuve de son adresse. Armé d'un long bâton qu'il avait emprunté à l'un des assistants, il se campa fièrement au milieu du cercle et ne tarda pas à trouver un antagoniste. Ils s'avancèrent à la rencontre l'un de l'autre avec des gestes provocateurs, croisèrent leurs longs bâtons, se serrèrent de plus près ou s'évitèrent, en ayant toujours soin de brandir leurs armes en mesure et en suivant la musique. Malgré les gestes les plus menaçants et les postures les plus furibondes en apparence, les deux adversaires ne perdirent pas un instant leur présence d'esprit et leur bonne humeur, si bien qu'alors même qu'on les croyait sur le point de se pourfendre, c'est à peine s'ils se touchaient. Quoiqu'ils représentassent une scène qui, à en juger d'après les applaudissements des spectateurs indigènes, devait être à la fois intéressante et bien exécutée, je ne saurais dire que nous en ayons apprécié tout le mérite; pour nous, quelque expressifs qu'ils fussent, les gestes de nos deux Arabes étaient tout à fait énigmatiques et dépourvus de sens. — Contre son attente, et bien plus encore contre la nôtre, Halil fut battu, et nous eûmes *naturellement* à payer les frais de sa défaite. Après cet incident, nous traversâmes un quartier de la ville où, à l'incommodité de la poussière, de la saleté et de la chaleur, se joignit celle d'une quantité de mouches dont on ne saurait se faire une idée. Attirés probablement par les provisions de dattes qui s'étalent partout dans les boutiques ouvertes, elles s'étaient réunies dans ce quartier en essaims plus épais que jamais. Les enfants surtout paraissaient en être tourmentés : incapables de s'en débarrasser, ils ne se donnaient même plus la peine de les chasser de leur visage, qui en était littéralement couvert.

Aussitôt qu'on a abandonné cette partie désagréable de la ville, on se retrouve dans les belles et fertiles campagnes qui s'étendent le long du Nil au-dessus et au-dessous du Caire. On chevauche à l'ombre d'acacias, de platanes et de sycomores, et les groupes de dattiers qui balancent leurs élégants parasols de distance en distance donnent au paysage l'aspect des contrées tropicales. Quiconque est capable d'être réjoui par un beau ciel bleu et une gracieuse contrée, doit l'être là où nous nous promenions. Aussi notre société était-elle d'une extrême animation. Les Anglais, qui dépouillent rarement l'air sérieux et la réserve qui les fait reconnaître à première vue dans le monde entier, s'étaient si complétement affranchis de leur raideur traditionnelle que leur gaieté ne connaissait plus de bornes et qu'ils s'amusaient par moments comme de véritables écoliers en vacances. Sans nous inquiéter de nos saïs qui couraient derrière nous à en perdre l'haleine, nous galopions, au milieu des cailloux sur lesquels trébuchaient nos ânes, comme s'il s'était agi de gagner le prix de la course. Naturellement notre cavalcade se trouva bientôt débandée, en raison de la rapidité des coursiers et de la légèreté des cavaliers; les uns étaient de beaucoup en avant, les autres étaient restés en arrière, quand soudain nous entendîmes un cri à demi étouffé et nous vîmes un nuage de poussière plus épais sous lequel un de nos vieux compagnons de route, un peu rudement démonté par sa bête, gisait à côté d'elle. C'était lui que le destin avait choisi comme une victime expiatoire, en punition de notre pétulance qui avait fini par gagner nos ânes. Cette chute poudreuse n'eut au demeurant aucune suite fâcheuse, et quand notre ami nous vit tous partir d'un éclat de rire, il se décida à en faire autant.

La mosquée de Kasr-el-Aineh forme à l'intérieur un vaste carré avec de hautes murailles sans fenêtres et une grande coupole qui laisse entrer la lumière par en haut, ce qui donne à l'éclairage une grande douceur et repose agréablement les yeux. Les murs sont garnis de trophées de vieilles armes, avec lesquelles

les héros et les martyrs des temps passés se faisaient dans leur zèle pieux des blessures volontaires; aux quatre coins sont suspendus des drapeaux et des boucliers. Le sol est couvert de nattes de paille sur lesquelles on étend des tapis tant pour les derviches que pour les spectateurs. L'ensemble offre, malgré sa grande simplicité, un aspect assez imposant.

Le savant antiquaire, sir Gardener Wilkenson, dit dans son ouvrage sur Thèbes et sur l'Égypte moderne, que les derviches sont à la fois les moines et les francs-maçons de l'Orient. Ils forment une espèce de secte qui, tout en se partageant elle-même en plusieurs ordres, maintient entre ses divers membres l'union la plus intime et la plus exclusive. Les derviches sont les seuls musulmans qui aient un culte spécial, bien que le Coran défende expressément d'adorer Dieu autrement que ce livre ne le prescrit. Cela provient probablement de ce qu'ils n'ont passé au mahométisme que plus tard et sans renoncer à toutes leurs pratiques antérieures : la franc-maçonnerie avait pris, dès les temps les plus reculés, une grande extension en Orient. Aujourd'hui il est incontestable que les derviches se rangent parmi les sectateurs les plus fervents de l'islamisme, mais on n'a pas de données précises sur l'origine de leur culte. Ils ont leurs mosquées particulières dans lesquelles ils célèbrent leurs cérémonies, et l'admission d'un étranger dans la corporation compte comme une faveur signalée, car habituellement la qualité de derviche ne s'acquiert que par droit de naissance.

Les derviches se distinguent d'ordinaire par un costume spécial, qui consiste en une longue robe brune nouée autour des hanches, en un pantalon de même couleur et en un chapeau pointu en feutre gris avec ou sans turban. Mais quelques-uns d'entre eux ne tiennent pas strictement à cet accoutrement et usent de la liberté qu'ils ont de se vêtir à leur guise et, d'une manière générale, de choisir le genre de vie ou d'occupation qui leur convient le mieux. On trouve dans leurs rangs des militaires, des marchands, etc., et il n'est pas rare de rencontrer dans les bazars, au Caire comme à Constantinople, des derviches vêtus du costume de leur secte et à qui le salut de leur âme ne fait oublier d'aucune façon la valeur des choses de la terre.

Les divers ordres diffèrent entre eux non-seulement par les doctrines et les règlements, mais encore par les formes du culte : on distingue notamment les *derviches tourneurs* des *derviches hurleurs ;* c'est à cette dernière catégorie qu'appartenaient ceux que nous allions voir. Au moment où la cérémonie devait commencer, le doyen, le cheik, alla prendre sa place sur des coussins au-dessous d'un grand drapeau vert, devant le *Mahrab,* ou niche de la prière, et les autres, au nombre d'une quarantaine, s'assirent en demi-cercle en face de lui, les jambes croisées à la mode orientale. C'étaient presque tous de beaux hommes déjà avancés en âge et ornés de barbes superbes qui leur tombaient sur la poitrine. Au début la gravité de leur maintien et leur air de recueillement leur donnaient une apparence tout à fait vénérable. A l'exemple du cheik, ils commencèrent par répéter une série de passages du Coran, avec accompagnement de flûtes et de tamtams, d'abord à voix basse et très-lentement, puis en élevant la voix d'après l'indication des instruments, ce qui produisait une espèce de chant monotone qu'ils accompagnaient de balancements de tête en avant et en arrière ou à droite et à gauche. Cela continua ainsi pendant quelque temps. Ensuite, la musique pressant la mesure, leurs mouvements devinrent également plus rapides et plus vifs, et leur chant dégénéra en un véritable hurlement haletant, entrecoupé, sauvage; après quoi, instruments, gestes et voix se modérèrent jusqu'à ce que, les flûtes ayant passé à un autre ton, tout le monde, à l'exception du cheik, se leva, et la scène précédente recommença. Finalement le cheik se leva aussi, ôta son bonnet pointu, et les autres suivirent son exemple à la file, si bien que les longs cheveux qu'ils dissimulaient sous leurs bonnets — car, à la différence des autres musulmans, ils ne se rasent pas la tête — leur couvrirent le col et les épaules. Ils semblèrent alors se trouver dans une sorte d'extase ou bien plutôt d'aberration mentale : ils soupiraient, grinçaient des dents, hurlaient et se démenaient comme de véritables démons. Parmi les plus dévergondés on remarquait un officier des troupes régulières en grand uniforme.

Comme nous commencions à être fatigués de ce spectacle, nous nous en allâmes, sans attendre la fin de ces indignes momeries : la violence en est telle, parfois, que plusieurs des derviches tombent évanouis ou prennent des attaques de nerfs.

Bien que le dégoût dominât dans nos impressions, nous ne pûmes pas nous empêcher d'admirer la force surhumaine et la constance qu'il faut aux derviches pour célébrer, souvent pendant de longues heures de suite, leur culte de cette façon. Ce qui les en rend capables, hélas ! ce n'est pas la ferveur religieuse, mais le haschisch, aux jouissances duquel ils sont tout spécialement adonnés.

Ce perfide excitant diffère de l'opium autant par sa composition que par ses effets. L'opium s'extrait du pavot et agit directement sur le système nerveux; le haschisch, au contraire, se prépare avec le suc du chanvre et n'agit complétement que quand il a été absorbé par le sang. En Orient on préfère le haschisch à l'opium, parce que, tout en ayant des suites moins immédiatement pernicieuses, il produit de plus vives jouissances qui s'étendent autant à l'esprit qu'au corps. Le chanvre d'Europe ne paraît pas propre à le préparer : les Orientaux se servent toujours du chanvre indien (*Cannabis indica*), qui croît dans toutes les parties de l'Asie méridionale et de l'Afrique du Nord. Il est permis de présumer, et l'on peut même déduire de plusieurs passages des auteurs anciens, que le haschisch est connu depuis la plus haute antiquité, bien que sous des dénominations différentes. Aujourd'hui les Chinois le nomment *ma-yo;* les peuples de l'Inde, *bangia;* les Marocains, *madjoun;* les Arabes de l'Égypte, de l'Algérie et de la Syrie, *dawamesk.* En Europe on a étendu le nom de la

11

plante aux effets qu'elle produit; en Égypte aussi le mot *Haschisch* a des sens dérivés; ainsi on emploie les expressions *Haschischli* ou *Haschaschin* pour désigner un fou furieux ou un individu à qui l'abus de la boisson a fait perdre la tête, et par extension un ivrogne. L'historien J. de Hammer voit même dans le mot *haschaschin* l'étymologie de notre mot *assassin;* il dit qu'à l'époque des croisades les Ismaélites de la Syrie, sous l'empire de cette drogue enivrante, parcouraient leurs montagnes isolés ou en bandes et attaquaient à l'arme blanche les croisés qui se trouvaient sur leur chemin, d'où le nom de *Haschaschin,* en latin *assassinus,* aurait pris sa signification spéciale actuelle.

A propos du haschisch, voici une histoire que la première personne venue pourra vous raconter au Caire.

Il y a plus ou moins longtemps, un vieux derviche de la ville se rendit dans le désert pour y passer un temps d'expiation et de jeûne. Ayant perdu ses esprits dans la solitude, il errait d'un lieu à un autre et arriva un jour, au milieu de ses courses vagabondes, à une oasis où ses regards furent frappés par une fleur jaune qu'il cueillit et se mit à examiner de plus près. Il remarqua que de l'endroit où la tige était brisée découlait sur ses doigts un suc gluant dont il goûta, afin de s'en rendre mieux compte, et auquel il trouva une agréable amertume, parfaitement propre à calmer la soif. Voulant vérifier le fait, il cueillit encore un certain nombre des mêmes fleurs et en suça le suc jusqu'à ce qu'il constatât non-seulement que sa soif était apaisée, mais que son intelligence reprenait peu à peu toute sa lucidité. Il se sentit d'une gaieté qui, auparavant, ne lui avait pas été familière, qui lui fit oublier toutes ses sombres préoccupations et finit par lui procurer le sommeil réparateur dont il avait besoin. A son réveil, il crut avoir été le jouet d'un rêve, jusqu'à ce que l'aspect des mêmes fleurs jaunes l'eût convaincu de la réalité de ses sensations agréables. Cette découverte accidentelle le surprit si vivement et la répétition de l'expérience le séduisit à un tel point que depuis lors il consacra toutes ses journées à recueillir les mêmes plantes à fleurs jaunes et à se donner les jouissances qu'en procurait le suc. A son retour au Caire, il fit part aux autres derviches de sa merveilleuse découverte et leur donna à goûter du suc de ses plantes, sous la condition que l'usage en resterait un secret pour le reste de l'humanité et un privilége de leur ordre.

Dans la suite des temps le haschisch se perfectionna. Les derviches recueillirent la précieuse plante avec soin, la firent entrer dans la préparation de toute une série de breuvages étourdissants, en mêlèrent le suc à divers bonbons et fabriquèrent avec la semence et le pollen des fleurs une poudre dont ils saupoudraient leurs mets ou qu'ils fumaient mêlée au tabac.

Longtemps le secret fut bien gardé; mais un jour quelques derviches de Constantinople, dans un trop grand accès de gaieté expansive, donnèrent du haschisch à goûter à des profanes, et à partir de cette époque l'usage en devint universel.

III.

Mœurs des nègres du Congo à Schemba-Schemba[1].

Au commencement de novembre de l'année 1857, je partis d'Ambriz avec vingt et un nègres que j'avais loués, et un interprète noir, pour me rendre à Ambassée, en protugais San-Salvador, capitale du royaume de Congo.

Derrière Ambriz s'étend un vaste marais que les Portugais se proposent de dessécher; au delà nous arrivâmes sur les bords du Loge, que l'on passe sur un bac. Dans le village de Kingombo, situé sur la rive opposée, se tenait précisément un marché, de sorte que mes porteurs de bagage ne tardèrent pas à se disperser pour faire leurs achats. Pendant que je les attendais au dehors, beaucoup de *gentlemen* — c'est ainsi qu'on appelle, dans ce

---

1. D'après le docteur A. BASTIAN, *Ein Besuch in San-Salvador*, Brême, 1859.

pays-là, les marchands nègres — s'approchèrent de moi, très-désireux d'obtenir quelques renseignements sur mon voyage, qui, dans leur esprit, s'associait à la prise de possession de Pemba par les Portugais. Les riches mines de cuivre de cet endroit, qui constituent la principale source de revenus du roi de Congo, avaient été occupées par le gouverneur de Loanda, à la suite du traité conclu avec l'Angleterre, sur le fleuve Loge, comme se trouvant en deçà des frontières déterminées par cet acte. Que le roi de Congo se fût empressé de protester contre cette façon peu cérémonieuse de disposer de ses possessions, c'est ce dont on ne pouvait douter; mais on ignorait encore les autres mesures que les circonstances avaient dû lui suggérer. Le bruit courait seulement qu'une grande irritation régnait dans le peuple et que plusieurs districts se préparaient à une guerre d'extermination contre les blancs.

Arrivés au village d'Impambu, où une troupe de prêtres de fétiches (*Fétizeros*), bariolés de rouge et de jaune, et vêtus de peaux de tigre, étaient venus à notre rencontre, nous fîmes halte pour déjeuner, et le soir, je fis suspendre mon hamac entre deux arbres, tandis que les nègres allumaient un grand feu et que les marchands de manioc et de terres-noix venaient nous offrir leurs denrées, ainsi que de l'eau fraîche. Gouchy, mon interprète, paya aux coolies leur salaire et prit les arrangements nécessaires pour la nuit. Bien qu'il fût avec ses subordonnés sur un pied de grande amitié, il exerçait sur eux, sans élever la voix, une incontestable autorité. Quand un nègre a quelque chose à dire à l'un de ses supérieurs, il se met à genoux et tend vers lui les mains en détournant à moitié son visage; presque à chaque parole, il frappe ses mains l'une contre l'autre. Les habitants du Congo auraient servi de modèles aux prêtres égyptiens dans leurs dessins hiéroglyphiques, que les figures peintes sur les murs des temples de Thèbes n'auraient pu être une représentation plus exacte du spectacle que j'avais encore chaque jour sous les yeux.

Vers le matin je fus réveillé par une pluie fine, premier avant-coureur de la saison des pluies, contre laquelle le toit de mon hamac était un préservatif insuffisant. Sur les sentiers qui s'entre-croisaient dans la forêt, nous rencontrâmes des bandes de femmes et de filles, se rendant au marché avec des paniers de bananes et de maniocs sur la tête. De Matula, où l'on a une échappée sur de lointaines chaînes de montagnes, jusqu'à Quingoje, dont des blocs de granit ronds annoncent l'approche, le chemin passe sur des coteaux arides. J'ai de cette journée un souvenir assez désagréable : nous venions de nous établir pour déjeuner au pied d'un de ces blocs, quand nous fûmes subitement enveloppés par un tourbillon de vent qui jeta hamacs, caisses, vases et gens pêle-mêle les uns sur les autres, et nous amena une averse si bien conditionnée que, avant d'avoir pu atteindre les huttes du village de Quingoje, nous étions tous ruisselants d'eau.

Dans le courant de l'après-midi, nous traversâmes plusieurs villages abandonnés dont les haies exubérantes n'entouraient plus que des habitations en ruine. Probablement ils avaient été détruits, lorsque les Portugais y passèrent pour s'emparer de Pemba.

A Quindilu, le chef du village m'invita à passer la nuit chez lui et fit vider pour moi l'une des six maisons de femmes qui se trouvaient dans sa cour. Le lendemain soir, nous atteignîmes le fort, nouvellement construit, de Quinballa, qui s'élève sur l'une des collines baignées par deux bras du Bouma : le commandant portugais mit la plus aimable insistance à m'y faire partager sa propre chambre.

A partir de Quinballa, le pays devint très-montueux, des gorges profondes le déchirent. Arrivé à une éclaircie, j'aperçus sur le côté, à peu de distance du chemin, un temple de fétiche que je manifestai l'intention de visiter de plus près. Mais j'essayai vainement de déterminer mes porteurs à m'y conduire, et j'eus, pour m'y rendre seul, à lutter contre leurs plus pressantes sollicitations : ces pauvres sauvages sont convaincus qu'il y va de la vie, et qu'un homme assez téméraire pour s'aventurer dans un de ces temples est dévoué à une mort prochaine. Le temple consistait en un rectangle formé de nattes en paille et percé sur le devant de trois portes en bois cintrées. Au-dessus des deux portes latérales, s'élevait une pyramide; au-dessus de celle du milieu, une coupole surmontée de deux pièces de bois horizontales; sur les poteaux on voyait des figures à moitié jaunes, à moitié vertes. L'intérieur ne contenait autre chose qu'un petit monticule de terre surmonté de trois fourches rayées de blanc et de rouge. Nous nous trouvions là à la frontière du royaume de Bamba; le grand fétiche de Dembou y célèbre d'ordinaire les mystères de son culte dans les gorges les plus écartées des montagnes, ce qui ne l'empêche pas d'avoir, à portée des routes, certaines places où il dresse ses insignes pour rappeler aux voyageurs effrayés sa puissance et son autorité.

Après une rapide montée, nous parvînmes sur le plateau de Schemba-Schemba, qu'entourent des coteaux en pente douce. Nous venions de passer le fleuve de même nom, quand je rencontrai l'une de mes connaissances, l'agent de la factorie américaine d'Ambriz, qui s'était rendu dans le pays pour juger de l'opportunité d'y établir une succursale.

La vallée de Schemba-Schemba est le point de jonction des diverses routes qui se dirigent vers Pemba et San-Salvador dans l'intérieur des terres, et vers Ambrisette et Ambriz sur la côte, et l'endroit où les caravanes chargées d'ivoire, venant du nord-est, se bifurquent pour gagner l'une ou l'autre de ces deux dernières localités. Ses douze villages, placés sous l'autorité de quatre chefs (*monofouma*), se cachent pittoresquement dans des bouquets de palmiers, au pied des coteaux qui forment la ligne de démarcation entre le fleuve Quinsembo et l'Ambrisette.

Pour aller de là à San-Salvador, j'avais deux chemins ouverts devant moi. Celui qu'on suit le plus habituellement passe par Pemba et conduit ensuite au fleuve Ambrisette; l'autre, plus direct, atteint le fleuve plus bas. D'après ce qu'on m'apprit, la nouvelle colonie de Pemba se trouvait alors dans une sorte d'état de siége. Le mécontentement provoqué par l'occupation des mines avait gagné du terrain;

toutes les peuplades environnantes avaient pris les armes, si bien que les communications avec Schemba-Schemba étaient coupées. Depuis trois mois, une seule caravane chargée de cuivre avait réussi à passer, et encore avait-elle essuyé des pertes considérables, bien qu'on l'eût fait escorter par toutes les troupes disponibles. Deux autres caravanes, amenant des marchandises de Loanda, avaient été complétement pillées. Le commandant de Pemba avait plusieurs fois réclamé du renfort, déclarant qu'à défaut, il lui serait impossible à la longue de défendre le fort.

Tout cela me jeta dans une grande perplexité quant à la voie à suivre. L'autre chemin, sur lequel personne ne pouvait ou ne voulait me fournir de renseignement, était tout à fait inconnu et offrait peut-être de plus grandes difficultés encore. En outre, je comptais me procurer à Pemba des données plus précises sur San-Salvador et la tournure qu'y avaient prise les affaires, ce à quoi je tenais d'autant plus que le roi était mort et que l'État devait se trouver en pleine anarchie. D'ailleurs on m'avait assuré sur la côte qu'avec le caractère d'*Inglesi* (nom générique sous lequel les nègres de l'intérieur désignent tous les blancs qui ne sont pas Portugais), les voyageurs seraient probablement à l'abri de toute espèce d'embarras : c'était aussi l'opinion de Gouchy.

Je me décidai, en conséquence, pour la première route, et l'après-midi je repris mon voyage. Mais mes coolies, qu'on avait un peu trop régalés d'eau-de-vie à la factorie, étaient tous plus ou moins ivres, et dispersés à droite et à gauche dans les champs. Je descendis de mon hamac pour reformer notre petite troupe, et trouvai le bagage, pour ainsi dire, semé tout à l'entour de notre campement et les porteurs endormis sous des arbres. A peine en avais-je réveillé un et l'avais-je obligé à reprendre sa charge que je voyais les autres se débarrasser de la leur : ce n'est qu'en courant incessamment de l'un à l'autre, en dépit d'un soleil brûlant, que je parvins à empêcher que tout ne fût perdu de par les chemins. Très-fatigué de ce manége, j'arrivai le soir à Quimalenzo, l'une des stations préparées pour les caravanes de cuivre venant de Pemba, et j'allais me mettre à table avec l'employé, à qui j'avais apporté une lettre, quand soudain un nuage noir passa sur mes yeux, et je tombai par terre sans connaissance. D'après ce que j'appris plus tard, je restai un quart d'heure avant de reprendre mes sens, et quand je revins à moi, j'étais en proie à une fièvre ardente dont l'air étouffé de la chambre, la petitesse de mon lit et des essaims de moustiques firent pour moi, pendant les premières vingt-quatre heures, un inexprimable supplice: je ne pouvais pas même me soulever sur ma couche. Mes gens échangeaient des regards significatifs; nul doute, à leurs yeux, que je portais la peine de mon offense au grand fétiche, et qu'ils m'enterreraient encore le même soir.

Le lendemain matin, je fus réveillé par l'agent américain qui venait d'arriver de Schemba-Schemba et me fit part qu'étant obligé par ses affaires de se rendre à Pemba, il pensait que le plus sûr pour nous deux serait de voyager ensemble. Je me trouvais encore trop faible pour supporter le va-et-vient de mon palanquin, et il se mit seul en route. Toutefois, après mûre réflexion, je ne pus résister au désir de partir pour Pemba, où, dans le cas où ma maladie traînerait en longueur, je trouverais du moins des secours médicaux, et je donnai ordre de tout préparer pour reprendre notre route. Mais à peine avions-nous atteint le village le plus prochain, que l'Américain vint à notre rencontre tout trempé de sueur et couvert de boue, son hamac déchiré, ses porteurs blessés et sanglants. Il était tombé dans une embuscade qui avait tiré sur lui un grand nombre de coups de feu et l'avait poursuivi jusqu'aux confins du village. Peut-être, avec mes gens, dont douze étaient armés de fusils, aurions-nous pu faire une nouvelle tentative en avant. Mais le jour était déjà trop avancé pour qu'il fût possible d'atteindre Pemba le même soir, et il eût été dangereux de nous exposer à un combat nocturne. Il était, d'ailleurs, de mon intérêt d'éviter aussi longtemps que possible une rencontre à main armée. Nous nous résolûmes, en conséquence, à retourner à Schemba-Schemba, d'autant plus que ma petite course de la journée avait provoqué une assez forte rechute de ma fièvre, et que quelques jours de repos et de soins m'étaient devenus tout à fait indispensables. Je louai une hutte pour mes gens et une autre pour moi; je dressai mon lit et ne me levai que lorsque, au bout de trois jours de silence et d'obscurité, mes pensées eurent repris leur cours paisible et normal et que la fièvre m'eut définitivement abandonné.

Le roi du district dans lequel je demeurai avait déjà plusieurs fois fait prendre des nouvelles de ma santé. Dès que je fus hors de mon lit, il me fit annoncer sa visite et parut devant moi avec une nombreuse suite de vassaux armés de sabres et de lances pour tenir un *palaver*. Ce mot, qui a cours dans toute l'Afrique occidentale, sonne mal pour les voyageurs, car il est, à leur égard, synonyme d'importunités et de retards de toute sorte. Chez les nations qui n'ont pas encore de loi écrite, tout événement, grand ou petit, devient l'objet de débats verbaux devant l'assemblée du peuple. On convoque, en conséquence, un palaver aussi bien pour trancher des questions de vie et de mort, pour décider la paix ou la guerre, que pour déterminer l'emplacement d'une construction ou prononcer sur les difficultés amenées par la vente d'une poule. Le but du palaver convoqué cette fois par le roi de Schemba-Schemba n'était autre que de nouer des liens d'amitié dans une entrevue personnelle et de faire — ou, pour mieux dire, de recevoir — des présents. Toutefois je profitai de la circonstance pour prendre des informations sur le Congo et sur les routes que je pouvais suivre.

Après que mes plans eurent fait l'objet d'une longue conversation, le roi battit des mains pour commander le silence, et, accompagné par le chœur de ses acolytes, se mit à chanter mes louanges en une sorte de long et pénible récitatif. Le roi de Dahomey doit, quand il chante en l'honneur d'un étranger, lui donner en même temps un échantillon de ses talents chorégraphiques. Celui de Schemba-

Schemba se borna à un mouvement cadencé des pieds et à de fréquentes génuflexions, en suite de quoi il faillit glisser à bas de son siége, tandis que son petit bonnet d'écorce oscillait gracieusement sur son occiput.

Les quatre rois, ou, pour parler plus exactement, les quatre gouverneurs de la vallée, choisissent parmi eux un chef suprême qui alterne régulièrement. Avant qu'on ne leur donnât les titres européens, tous les princes du pays étaient désignés sous celui de *Mani*. Les dignitaires les plus éminents de leur cour étaient : le *Ma-ngowo*, ministre des relations extérieures et chargé de l'introduction des étrangers; son substitut, le *Ma-npoutou;* puis le *Ma-kaka* ou général en chef, sans l'ordre de qui personne n'a le droit de pousser le cri de guerre pour convoquer les soldats; le *Ma-fooka*, ministre du commerce, à qui incombent toutes les relations avec les blancs; le *Ma-kimba*, ou surveillant général des eaux et forêts; le *Ma-banza*, ou gouverneur de la ville, etc. Dans la plupart des États, le roi nomme, avant de mourir, le *Ma-Boma* qui exerce la régence pendant le temps qui s'écoule entre le jour du décès et celui des funérailles. Les quatre plus puissants *Mani* désignent ensuite le successeur au trône. Lorsque celui-ci a déjà été choisi par le roi de son vivant, ainsi que cela est parfois arrivé à Kakongo, et qu'il a été investi, en qualité de *Ma-kaja*, de la province réservée au prince héréditaire, il est tenu, aussitôt après son investiture, de quitter la capitale, et il n'y peut rentrer que quand le trône est devenu vacant et qu'un coq a été immolé sur le corps de son prédécesseur; en général, le prince qui a été ma-kaja avant d'être roi jouit, dans l'exercice de son pouvoir suprême, de moins d'autorité que celui qui a été élu conformément aux anciens usages. A Loango, il était défendu aux cinq princes les plus proches du trône de mettre les pieds dans la capitale; ils étaient tenus d'aller habiter dans des villages éloignés. Aussitôt que le premier en rang avait succédé au roi défunt, les quatre autres montaient respectivement en grade et on élisait un cinquième dignitaire. Le roi élu de Kakongo ne sortait jamais sans une escorte qui, par un cri particulier, annonçait au peuple, quand il plaisait au monarque de manger ou de boire, afin que ses sujets eussent le temps de se couvrir le visage et de se jeter à terre. Après le repas, un nouveau cri prévenait les autres souverains du monde qu'il leur était également loisible de venir prendre place à la table du roi. Dans le Congo, l'élection du roi appartenait aux princes de Batta, de Lunda et de Sonho auxquels s'adjoignait, en qualité d'électeur ecclésiastique, à l'époque du protectorat portugais, l'évêque de San-Salvador qui détenait la couronne envoyée par le pape Urbain VIII.

Le fleuve de Schemba-Schemba étant assez éloigné de la bourgade de ce nom, on n'a, en général, dans l'endroit où je me trouvais, qu'une eau épaisse et trouble, et pour en avoir de belle, il faut l'aller chercher dans un ruisseau qui coule derrière la colline. Après mon indisposition, rien ne pouvait m'être plus salutaire qu'un bain froid; aussi dès que le soleil se fut abaissé vers l'horizon, je me fis apporter mon hamac et je donnai ordre de me conduire à ce ruisseau, ce qui m'obligeait à traverser tout le village. J'étais aux premières maisons, savourant d'avance le plaisir qui m'attendait, quand je vis le chef qu'ici on appelle aussi Ma-fooka, s'avancer à ma rencontre à la tête de toute la commune et se jeter à mes pieds avec toutes les démonstrations de respect usitées dans le pays. Après les préliminaires d'usage, il entama un discours, comme partout en forme de récitatif. Lui ayant demandé où il en voulait venir, j'appris qu'il me suppliait de ne pas m'approcher davantage du ruisseau et que je vivrais à tout jamais dans les légendes poétiques de la vallée, si je prêtais à cette demande une oreille favorable. A une requête aussi peu justifiée et qui n'allait à rien moins qu'à me priver d'une jouissance impatiemment attendue, je jugeai à peine nécessaire de répondre et j'ordonnai à mes gens d'avancer. Mais il leur fut impossible d'obéir; tous les enfants du village se cramponnèrent à leurs jambes ou se jetèrent à terre devant eux, de manière à les empêcher de faire un pas. En même temps, le Ma-fooka entonna un chant de douleur qui, accompagné par les gémissements de toute l'assistance, devint ce qui se peut imaginer de plus lamentable : sur tous les visages se peignait le plus profond désespoir. Au fond, ces pauvres gens n'avaient pas tort, car j'appris qu'ils étaient persuadés que le ruisseau tarirait pour toujours à mon aspect; or c'était la seule eau potable qu'ils eussent à leur disposition... Ne voulant pas me charger la conscience d'une semblable catastrophe, je me laissai fléchir et renonçai à mon bain.

Pour me distraire de cette contrariété, j'allai faire une visite à l'Américain, qui avait commencé à monter une petite boutique avec ses marchandises. J'y trouvai un grand rassemblement de curieux au milieu duquel un prêtre fétichiste se démenait en hurlant; il tenait une idole de bois couverte d'oripeaux, qu'il secouait assez rudement et frappait à coups de verge sur le visage et les épaules. D'après ce qu'on me dit, on avait volé à l'un des nègres son couteau, et, pour le recouvrer, il s'était adressé au prêtre, qui possédait un fétiche fort réputé pour la salutaire terreur qu'il inspirait aux voleurs. Le pauvre dieu me fit l'effet d'avoir acheté assez cher sa réputation, car on lui donna déjà des coups d'avance pour être bien sûr qu'il prendrait l'affaire à cœur. Quand le sorcier fut arrivé au degré d'extase voulu, il déclara avec l'assurance la plus parfaite qu'il allait planter son fétiche en face de la porte de la factorie et que le lendemain le couteau se retrouverait dans le côté du dieu. En effet, dès le lendemain matin, le couteau était à la place indiquée : pour éviter le retour de ces simagrées, qui n'auraient pas manqué de se reproduire pendant huit jours de suite, le négociant avait mieux aimé confirmer la réputation d'infaillibilité du fétiche que de risquer qu'au milieu de ces rassemblements successifs tout son bien finît par être pillé. Les gens riches recourent fréquemment, pour obtenir l'aveu de ceux de leurs domestiques qu'ils suspectent d'un méfait, à l'emploi d'une boisson fabriquée avec de la casse.

La vallée de Schemba-Schemba est relativement fertile, mais présente le caractère d'uniformité un peu terne de la plupart des paysages africains. Le feuillage des arbres est d'un vert presque noir, qui a en soi quelque chose de triste. Chaque fois que je jetais les yeux autour de moi sur ces coteaux couverts de hautes herbes et parsemés de ces arbres qui se détachaient, immobiles et sombres, sur l'implacable bleu du ciel, je ne pouvais me défendre d'un sentiment de profonde mélancolie. Les nègres vivent par groupes isolés les uns des autres à de grandes distances; leurs villages sont comme ensevelis dans les taillis et ne communiquent que par d'étroits sentiers passant au milieu des bois ou le long des collines. Pour cultiver les plantes nécessaires à leur entretien, ils font par-ci par-là des éclaircies dans les forêts, à des endroits reculés, et, autant que possible, connus d'eux seuls. Le matin, dès l'aurore, les femmes se glissent jusqu'à ces cultures, en ayant bien soin de faire des détours et de s'assurer qu'elles ne sont pas suivies par des voleurs.

En s'en allant, elles recouvrent les plantes avec des pots de terre, de peur que les mauvais esprits ne les foulent aux pieds pendant qu'elles sont loin.

Pour eux, étranger est synonyme d'ennemi : quiconque n'est pas assez puissant pour réduire en esclavage les habitants d'un village, doit se résigner à devenir leur propre esclave. C'est même ce qui me permit de m'avancer avec une troupe de nègres recrutés au hasard jusque dans des pays où rien que les cadeaux dont je m'étais muni aurait suffi pour éveiller des envies de pillage ; plus j'emmenais mes nègres loin des contrées qu'ils connaissaient, plus je les tenais sous ma main ; car, abandonnés à eux-mêmes, ils seraient immédiatement devenus les esclaves du premier roitelet venu. Régulièrement organisée, conduite par un blanc et armée de fusils, une troupe même peu considérable peut passer sans danger à peu près partout ; en employant avec discernement tantôt les présents, tantôt la menace, on est sûr d'arriver à son but. La punition la plus sévère que je pusse prononcer contre un serviteur récalcitrant, c'était de le congédier; pour éviter cette peine, qui équivalait à une condamnation à l'esclavage, il était bientôt résigné à tout ce que je pouvais avoir à exiger de lui.

Tant qu'il n'a pas été assujetti par la conquête et soumis par là même à certaines restrictions ou à certaines lois, le nègre vivant dans sa patrie jouit d'une liberté d'autant plus effrénée qu'il n'est lié par aucun des devoirs moraux de la famille. Le chef de la famille exerce sur les autres membres un pouvoir despotique et ne reconnaît au-dessus de lui ni monarque par la grâce de Dieu, ni aristocratie princière : le champ qu'il s'est découpé dans les plaines incultes ou au milieu des forêts et qu'il a su rendre productif par son travail, est sa propriété dans le sens le plus absolu et le plus exclusif du mot; il se transmet comme tel par droit d'héritage : personne au monde ne peut y prétendre aucun droit, ni le grever d'aucune contribution; personne n'a à s'immiscer dans ce que le chef de famille fait ou ne fait pas, personne ne saurait lui donner d'ordre, ni exiger de lui un service quelconque. Point de magistrats pour le gêner par des prohibitions dans ses penchants ou dans ses goûts, à moins pourtant qu'il ne se mette lui-même sous la dépendance d'un fétiche; point de tyran pour lui tracer dans un code de lois la règle de ses actions. Il est libre de bâtir où cela lui fait plaisir, de commercer comme il l'entend, sous la seule condition de rester dans les limites des traditions et de ne pas s'écarter des usages que lui ont transmis ses pères. Mais là précisément est la difficulté : ces traditions qu'il retrouve partout et nulle part forment autour de lui un inextricable réseau, et la moindre transgression dont il a été reconnu coupable par le *palaver* le perd non-seulement lui-même, mais encore tous les siens avec lui : ses propriétés tombent entre les mains du roi, et celui-ci ne manque guère de le vendre comme esclave, pour peu qu'il se rencontre un acheteur. Le produit de ces condamnations constitue l'unique revenu du roi, à part quelques cadeaux et les droits de passage que lui paient les voyageurs.

Dans certaines contrées, et par suite d'abus qui ont dégénéré en habitudes, les rois perçoivent un léger tribut des fonctionnaires chargés par eux d'administrer chaque district. Naturellement, dans les États féodaux, cet état de choses a fini par se régulariser et par amener dans le peuple une division en classes nettement marquée. La hiérarchie est surtout strictement déterminée dans les villages relevant immédiatement du souverain. Les rois ont là le droit de distribuer des terres à leurs vassaux selon leur bon plaisir, y compris les habitants, et parfois ils usent de ce droit avec une libéralité si irréfléchie qu'à la première révolution, — et les révolutions ne sont pas rares dans ces États africains, — leurs créatures savent convertir leurs fiefs en des seigneuries indépendantes et se soustraire complétement à la suprématie de la Couronne. La dynastie régnante parvient-elle, au contraire, grâce à ses relations avec le service des fétiches, à se séparer d'une manière absolue de la masse du peuple, elle ne tarde pas à usurper un pouvoir sans bornes. Un prince du sang peut alors se permettre, pour peu qu'il ait besoin d'argent, de faire saisir le premier individu venu qui, par droit de naissance, n'est pas son égal, et le vendre comme esclave.

Tout ce qui touche au droit de propriété et à sa transmission est, chez les nègres, d'une simplicité extrême, par là même que la nature dispense, pour ainsi dire, de la nécessité de songer à l'avenir. Ce n'est guère qu'à propos de la possession des palmiers qu'on a jugé utile d'établir certaines prescriptions plus compliquées; ainsi, en général, quand les fils de celui qui a planté ces arbres précieux sont morts, le droit d'en recueillir le suc passe à tour de rôle, et de semaine en semaine, à un certain nombre de familles déterminées.

Comme l'homme acquiert ses femmes par une sorte de contrat de vente, elles se trouvent naturellement vis-à-vis de lui presque dans des relations de domesticité; il en est de même des enfants, qui ne sont guère mieux traités que les esclaves. A Schemba-

Schemba une femme coûte en général un fusil et deux pièces de calicot; toutefois les parents font ordinairement cadeau à leurs filles de deux porcs, afin de leur assurer par cette dot un bon traitement de la part du mari. Au point de vue de la beauté extérieure, le nègre a ici moins de prétentions que dans le nord de l'Afrique, où l'on bourre de couscoussou d'une manière véritablement inhumaine les filles à marier, afin de leur donner une prestance qui réponde aux idées mahométanes sur la beauté.

Le peuple se divise en deux classes rigoureusement tranchées : d'une part, les *Mokatas* ou nobles et les hommes libres, qui seuls ont le droit de se ceindre d'une peau de chat (*canda*); d'autre part, les *Quisikos* ou esclaves nés dans la maison, et les *Mobikas*, prisonniers de guerre réduits en servitude. Toutefois ces derniers peuvent seuls être considérés comme la propriété absolue, comme la *chose* de leur maître; le Quisiko, lui, se trouve sous la protection du Ma-fooka et peut se réfugier auprès de lui pour peu qu'il ait sujet de craindre que, sans qu'il se soit rendu coupable d'un crime, son maître ne songe à le vendre à l'étranger. C'est aussi le Ma-fooka, fonctionnaire aux attributions multiples, qui a à veiller aux besoins des voyageurs; pourtant on fait mieux de ne pas trop compter sur sa protection.

Dans certains cantons du Congo, les successions ne passent pas du père au fils, mais de l'oncle au neveu; et le trône lui-même, malgré les efforts des missionnaires pour établir un ordre d'hérédité rationnel, échoit le plus souvent au fils de la sœur du roi défunt.

Les jeunes gens arrivés à l'âge où ils peuvent travailler louent en général leurs services et tâchent de gagner leur vie, tout en faisant le plus d'économies possible. Dès qu'ils sont assez riches pour pouvoir se donner ce luxe, ils font l'emplette d'une femme; quelquefois ils ne la prennent qu'à l'essai pour deux ou trois mois, quittes à la renvoyer ensuite avec un dédit. Puis à mesure qu'ils s'enrichissent davantage, ils en achètent un plus grand nombre. Ces femmes, qui travaillent pour leur mari, font dans les champs autant de besogne que des esclaves mâles et sont plus utiles dans l'intérieur du ménage. Chacune défriche dans la forêt un espace déterminé et y plante du manioc ou des terres-noix, qu'elle a non-seulement à cultiver elle-même, mais encore à porter au marché et à vendre. Pendant ce temps, l'époux paresse dans sa hutte, à l'ombre, mâchant de la noix de gourou (graine du *sterculier à aiguillons*), pour laquelle tous les nègres de l'Afrique ont une prédilection marquée, ou bien il va boire du vin de palmier dans la maison du palaver. A son retour, la femme donne à téter à son nourrisson, l'assied sur sa hanche et prépare le souper de son seigneur et maître. Quand elles sont à plusieurs, elles alternent pour ce dernier travail; la première femme, assistée de la seconde, a la haute main sur les autres. Chacune a dans la cour sa hutte à elle, où elle élève des poules et file du coton les jours de mauvais temps. La table des nègres n'est, on le comprend, pas très-recherchée; le menu consiste en tranches de manioc grillées, en terres-noix cuites sous la cendre et en bouillies ou galettes (*cassaves*) dont la base est une farine assez savoureuse provenant de la racine de manioc concassée dans un mortier. Le tapioca, qu'on retire de la même racine, mais dont la préparation exige plus de soin, n'est guère qu'à l'usage des Européens. Dans le delta du Niger on apprête un mets d'un goût fort agréable, connu sous le nom de *sauce de palaver,* et consistant en un mélange d'huile de palmier fraîche et d'une pâte d'igname pilée; dans le Congo les noix de coco se consomment à même. Pour la préparation du vin de palme, dont les nègres font un grand abus, un homme grimpe au sommet de l'arbre, habituellement d'un cocotier, en s'aidant d'un cercle qui fait ressort, et il fait une entaille à la naissance d'une jeune branche. Il s'échappe de la blessure un suc que l'on recueille dans un entonnoir de feuilles: le matin, on emporte ce vase improvisé à peu près rempli. Consommé frais, ce liquide ressemble à une agréable limonade; mais pour peu qu'on le laisse séjourner quelques heures à la chaleur du jour, il commence à fermenter, devient enivrant et prend une odeur de viande gâtée, à laquelle les Européens s'habituent à grand'peine, mais qui ne décourage pas les indigènes. Les nègres ont presque toujours une calebasse de ce liquide dans leur hutte; lorsque, pendant la période de jeûne, l'usage leur en est interdit, ils se dédommagent en buvant de l'eau-de-vie.

Le costume des nègres est réduit à sa plus simple expression : un linge noué autour des reins. Sur les côtes, ils y ajoutent un châle qu'ils drapent sur leurs épaules d'une manière presque aussi pittoresque que l'Espagnol son puncho, mais dont ils ne s'enveloppent que quand il fait froid. Les élégants du pays mettent leur gloire à avoir une ceinture avec un long pan garni de franges qu'ils laissent traîner par terre derrière eux. Les femmes des côtes, surtout dans les colonies portugaises, croisent sur la poitrine un vêtement qui descend jusqu'au genou; mais dans l'intérieur, elles ne se couvrent guère que les reins.

Les nègres ont une peau molle et douce qui, grâce à une sécrétion particulière, reste toujours fraîche et leur permet de rester exposés sans inconvénient au soleil pendant plusieurs heures, même avec la tête rasée. Ils ont certains instincts de propreté et passent rarement dans le voisinage d'un cours d'eau sans s'y baigner. Ce n'est que dans les pays où l'eau est rare, où il faut aller la chercher loin, qu'il règne, spécialement chez les enfants, une excessive malpropreté. En général, on trouve les habitudes de saleté d'autant plus invétérées chez les peuplades noires, que les variations du climat leur imposent davantage la nécessité de se couvrir. Quand un sauvage a mis un vêtement qu'il n'a pu acquérir qu'au prix de beaucoup de peine et de travail, il se résigne difficilement à s'en dépouiller, et l'idée ne lui viendrait même pas d'en changer chaque jour, de peur d'accélérer l'usure. Ordinairement il porte ses habits, selon le précepte de Gengiskan, jusqu'à ce qu'ils tombent en lambeaux et ne tiennent plus sur son corps : il ne se trouve nulle part mieux que dans sa propre crasse. Au contraire, l'enfant des Tropiques, qui vit libre dans la libre nature, saisit avec empressement, rien qu'à cause de la jouissance qu'il en retire, l'occasion de prendre un bain, ce qui ne lui donne guère d'autre embarras que de se jeter dans l'eau. Les nègres les plus sales que j'aie rencontrés sont ceux de la Sénégambie, qui, fidèles aux mœurs musulmanes, se chargent de lourds caftans et consacrent parfois tout leur avoir à se les procurer. Malgré les fréquentes ablutions prescrites par le Coran, il est rare qu'un musulman soit propre : les Bédouins du désert surtout sont souvent d'une saleté incroyable.

Le nègre, comme tous les peuples sauvages, donne des soins particuliers à sa chevelure, qui constitue souvent l'unique ornement de sa personne. Les uns la nattent en une infinité de petites tresses qui pendent tout à l'entour de la tête, d'autres en une sorte de corne qui se dresse sur le front. Ceux-ci se rasent entièrement la tête en ne réservant qu'une houppe au sommet; ceux-là laissent pousser leurs cheveux pêle-mêle, de manière à avoir sur la tête un gros bourrelet ou un casque : les Somanlis ont même alors soin de les teindre à l'aide d'une couche d'argile et parviennent à leur donner les nuances dorées que les dames romaines obtenaient sans doute à l'aide de pommades plus parfumées.

Dans l'Angola, les femmes se tatouent les épaules et le dos de toute sorte de figures, raies, croix, étoiles, croissants, etc. Les Avombos, qui viennent de l'intérieur, ont toute la figure couverte de petites raies transversales. D'autres portent sur les joues trois lignes analogues à celles que les Hadjis de la mer Rouge se dessinent sur le visage à leur retour de la Mecque. Dans diverses contrées, on tatoue les enfants immédiatement après leur naissance, pour les vouer par là à la protection d'un fétiche déterminé.

La propreté des habitations est dans un rapport intime avec celle des individus. On comprend que les nègres qui ne portent pas de vêtements n'ont guère l'occasion d'apporter ou d'entretenir de la saleté dans leurs huttes. Cependant la vermine s'y développe avec une facilité et une rapidité effrayantes partout où un peu d'humidité en favorise la propagation, et c'est même pour en garantir leurs personnes que beaucoup de nègres se rasent presque complétement la tête. Ces huttes sont de construction légère; on en achète, aux marchés, les matériaux tout préparés. Elles consistent, en général, en une sorte de carcasse en lattes recouverte d'argile et ne présentant qu'une seule ouverture qui sert à la fois de porte et de fenêtre. Cette ouverture se place assez haut au-dessus du sol pour que les bestiaux et la volaille ne puissent pas entrer, d'où il suit que, pour pénétrer dans l'intérieur, on est forcé de se baisser et de saluer, même malgré soi, ceux qui s'y trouvent. Il va sans dire que les serrures sont absolument inconnues : les portes sont simplement attachées à la paroi à l'aide de liens; mais il est rare qu'un voleur profite de cette facilité et se hasarde à passer par-dessus le fétiche qui est placé devant le seuil. Les nègres font grand cas de la protection de leurs dieux, et, avant d'emménager dans une hutte, ils y font toujours demeurer pendant un certain temps un prêtre qui la purifie par des fumigations et la consacre à un fétiche.

Le mobilier d'une hutte se réduit habituellement à une espèce de bois de lit très-primitif; parfois on y rencontre de vieilles armoires ou des caisses d'importation étrangère.

Quand il me fallait passer la nuit dans un de ces trous, où, faute de circulation, l'air est d'une insupportable épaisseur, je commençais par faire asperger d'eau et balayer les parois et le sol, et je tâchais de me procurer, partout où c'était possible, des nattes neuves; aussi dois-je reconnaître que j'ai, en général, été épargné par les insectes, là du moins où la nature marécageuse du terrain n'engendrait pas une trop grande quantité de moustiques : contre ce mal-là, il n'y a guère de remède, il faut se résigner à être piqué jusqu'au sang.

Dans quelques maisons, il existe une séparation, un mur de roseaux, derrière lequel demeurent les femmes; mais, comme je l'ai dit, elles ont le plus souvent chacune leur hutte dans la cour.

Au-dessus de la porte, les nègres suspendent des racines, ou des lambeaux d'étoffe, ou des coquilles d'œuf en guise d'amulettes. D'autres placent tout près du seuil ou au milieu de leurs champs un bloc de bois dont la partie supérieure a été grossièrement taillée en forme de tête; d'autres se contentent d'un bâton poli et surmonté d'une coquille de limaçon. Sur les côtes, tous les nègres portent sur eux une amulette quelconque : ceux de l'intérieur, à qui leurs ressources ne permettent que des préservatifs peu coûteux, se tiennent déjà pour suffisamment garantis par une ficelle qu'ils se nouent autour des mollets; parfois ils se servent, à cet effet, d'une corde de matebbe qui, tout comme les plumes fichées dans la chevelure, passe pour rendre invulnérable celui qui en est muni. La forme habituelle du fétiche que les voyageurs portent sur eux est un sachet rouge dans lequel le prêtre a cousu une drogue fortifiante, un extrait de plantes (*milongo*), etc. Souvent je vis mes porteurs l'aspirer, lorsqu'ils étaient fatigués. Ils ne sont, du reste, pas exclusifs et suspendent aux diverses parties de leur corps, pour les protéger contre les maléfices, toute sorte de boules, de racines, de nœuds de corde. Le guide que je pris à Schemba-Schemba portait, pendue à sa ceinture, une idole d'un mètre de long qui lui battait dans les jambes et dont il ne se serait séparé pour rien au monde. En général, plus on charge de fardeaux sur les épaules d'un nègre, plus il y ajoute, de son côté, de fétiches pour faire contre-poids. Il leur faut un fétiche contre le vent, un autre contre la foudre, un troisième contre les poissons de mer, un quatrième contre les poissons d'eau douce, un cinquième contre les épines qui pourraient leur entrer dans le pied, un sixième contre les bêtes sauvages; puis ils en ont pour ne pas tomber, pour conserver la santé, pour être heureux, pour avoir le regard perçant ou les jambes fortes, pour faire des achats avantageux, et ainsi de suite, à l'infini. A mesure que les nègres se développent, les fétiches prennent plutôt le caractère d'amulettes; ainsi, en Sénégambie, ce qu'ils préfèrent ce sont des formules écrites.

Les habitants de Cabinda, surtout quand ils s'éloignent de leur pays, se munissent de petites idoles nommées *Manipancha*, avec lesquelles ils prétendent se mettre en communication, à condition d'être dans un certain état de surexcitation nerveuse, et dont ils reçoivent alors des nouvelles de leurs familles. Chez les nègres du Congo proprement dit, chez les *Moxicongos* (ainsi qu'ils s'appellent eux-mêmes), lesquels sont, selon leurs mythes, issus des arbres, on trouve rarement des idoles; elles sont plus fréquentes sur la frontière orientale et près des côtes.

Au sud du Congo, on ne rencontre le fétichisme à l'état d'institution développée qu'à Bamba, dont le roi, naguère généralissime de toute la contrée, s'est maintenant complétement retiré dans ses montagnes, fuyant l'influence portugaise et refusant, pour ce motif, à tous les étrangers l'accès de sa résidence. Il a su conserver là tout un système de mystères religieux qui sont tenus en grand respect sur toute la côte occidentale du continent africain depuis le Cameroon jusqu'à la Gambie. Voici tout ce que j'ai pu tirer de mon interprète sur ce sujet : « Le grand fétiche vit dans l'intérieur des terres, où personne ne le voit ni ne peut le voir. Quand il meurt, ses prêtres recueillent soigneusement ses os pour leur rendre la vie et les nourrissent, afin que le dieu reprenne de nouveau des chairs et du sang. Mais ce sont des choses dont il ne fait pas bon parler. »

Dans presque tous les villages vivent un ou deux prêtres de fétiches entourés de plusieurs disciples qui leur confectionnent les idoles dont ils peuvent avoir besoin et aspirent à leur succéder plus tard dans leur dignité sacerdotale. S'adresse-t-on au prêtre pour qu'il vous prête un fétiche, il place le suppliant au milieu d'un cercle formé par toute sorte d'objets divers, parmi lesquels manquent rarement des sabots d'antilope et des cornes de bélier. Il lui met dans la main un miroir, en lui recommandant de souffler dessus. Lui-même tambourine sur une calebasse jusqu'à ce qu'il soit arrivé au degré d'excitation voulu pour choisir convenablement le fétiche demandé. Ordinairement ces fétiches sont de simples produits de la nature enveloppés dans un linge.

Ces prêtres jouissent dans les villages d'une grande influence et interviennent dans tous les événements importants de la vie. En cas de maladie, c'est toujours au prêtre ou au sorcier qu'on s'adresse pour chasser le mauvais sort qu'un ennemi a jeté sur le patient; il est vrai que, s'ils ne réussissent pas, par leurs exorcismes ou leur musique, à calmer le malade, ils ne se font aucun scrupule de le laisser aux prises avec le mauvais génie qui le tourmente. Lors des mariages, il est d'usage au Congo que le prêtre donne aux deux mariés une paire de poules : le mari en apprête une pour sa femme, et la femme l'autre pour son mari. En cas de décès, le rôle du prêtre est bien plus important encore; tout décès dont la cause n'est pas claire comme le jour est attribué à un sort jeté sur le défunt, et comme les parents ont le devoir de punir le coupable, ils ne manquent pas de recourir au prêtre pour savoir le nom de celui qui doit porter le poids de leur vengeance. Le prêtre, pendant son sommeil et sous l'influence d'une extase religieuse, prononce un nom, et aussitôt l'individu désigné est saisi, garrotté et taillé en pièces. Il n'est pas besoin d'exposer longuement à quels épouvantables abus ce pouvoir despotique, ce droit de vie et de mort, a de tout temps donné naissance, et quelle arme terrible il constitue entre les mains des tyranneaux qui ont su mettre les prêtres dans leurs bonnes grâces. Épreuves de toute sorte, par le feu et par le poison, s'interprètent toujours par la bouche des prêtres, et selon leur caprice ou le bon plaisir de ceux qu'ils servent.

Le nom général des fétiches est *Enquizi*, et on désigne leurs prêtres sous celui de *Ganga Enquizi*. Les missionnaires se sont efforcés d'atténuer les horreurs du fétichisme, et, avec l'aide de l'État, ils sont parvenus à en entraver les pratiques les plus sanglantes;

mais les nègres ne se sont encore, on peut le dire, rien assimilé du tout des dogmes chrétiens qu'on a essayé de leur expliquer. Dans le Congo, où les ruines des églises rappellent plus vivement qu'ailleurs le christianisme, le peuple excuse son paganisme, en disant que le Jésus des Portugais est un fétiche trop puissant pour le commun des mortels et qu'il faut le réserver au roi; que, quant aux simples sujets, il vaut bien mieux qu'ils se contentent des fétiches du temps de Chitome, le gardien du feu céleste.

AMÉRIQUE.

AMÉRIQUE.

I.

Un incendie dans les Pampas du Chili[1].

J'ai eu récemment une occasion bien émouvante de me convaincre de la terrible puissance du feu comme élément destructeur. J'avais fait une course à cheval au delà du Trumao, et je retournais à une heure assez avancée de l'après-midi à ma hacienda, quand, arrivé sur une petite éminence, je sentis une odeur de brûlé. Comme on a l'habitude, dans ce pays, de mettre en été le feu à des tas d'herbe desséchée, là où l'on se propose de

1. Le sujet de ce récit est emprunté à un colon allemand, établi à Valdivia, dans l'Araucanie, province méridionale du Chili. On sait que le Chili, compris entre le versant occidental de la Cordillère des Andes et le Grand-Océan, s'étend du 23e au 43e degré de latitude australe, sur une largeur moyenne de 200 à 250 kilomètres.

semer en automne, nous n'attachâmes, mon domestique et moi, aucune importance à ma remarque. Toutefois il me sembla, tandis que nous cheminions doucement en avant, que la fumée augmentait et venait de la direction de San-Juan. Cette pensée me donna de l'inquiétude; nous piquâmes des deux, et, quand nous eûmes atteint le sommet d'un coteau d'où l'on découvre toute la partie habitée de San-Juan, je pus constater que, dans toute la région au nord-est de la hacienda, les revers des collines étaient en feu, et que, pour peu que le vent fraîchît, toute ma propriété pouvait être ravagée par les flammes. Une terreur bien naturelle ne me laissa guère le temps d'admirer le tableau grandiose que j'avais sous les yeux; et pourtant, maintenant que je repasse de sang-froid mes impressions, je ne puis m'empêcher d'en être encore rétrospectivement saisi.

Toute l'atmosphère avait pris une teinte particulière. Les couches d'air interposées entre nous et le foyer de l'incendie éprouvaient une sorte de trépidation qui brisait les rayons du soleil couchant, et donnait à tous les objets une apparence vacillante et incertaine. Les changements dans la coloration du ciel n'étaient pas moins remarquables. Plus le disque du soleil baissait à l'horizon, derrière nous, plus les sombres nuages de fumée qui bordaient le paysage par devant, prenaient la couleur rouge sombre qui décèle les incendies. Cette couleur passait insensiblement au violet, pour se fondre ensuite dans le bleu le plus éclatant, et le bleu lui-même, sous les derniers rayons du soleil couchant, se teignait en pourpre vers l'horizon.

Mais, ainsi que je viens de le dire, je n'eus guère le loisir de me laisser aller à une longue contemplation. J'avais donné à mon cheval son allure la plus rapide, et, au milieu des ombres croissantes de la nuit, les objets fuyaient à droite et à gauche, sans que je pusse les distinguer. Le sol était passablement accidenté; chaque fois que le galop de mon cheval me ramenait au sommet de l'une des ondulations de terrain qui me séparaient de chez moi, le fléau me paraissait avoir gagné en intensité.

Mes angoisses étaient d'autant plus poignantes que les coteaux à l'entour de mon habitation étaient couverts de buissons desséchés par le soleil, qui, si le feu les atteignait, devaient lui fournir un excellent aliment et donner au fléau une puissance irrésistible. Je rencontrai sur mon chemin un Indien que je priai d'amener à mon aide les hommes de sa tribu. Il me promit leur concours, sachant parfaitement que les services rendus à un Allemand seraient largement rétribués.

Enfin j'arrivai chez moi; les quelques serviteurs que j'y avais à ma disposition étaient déjà rassemblés et observaient avec anxiété les progrès de l'incendie vers le sud. Mon retour les remplit d'ardeur : « Alerte, mes garçons! leur criai-je; que quiconque sait manier une hache me suive! » Il ne fut pas difficile de s'emparer d'un nombre suffisant de chevaux frais; car la chaleur inaccoutumée qui commençait à se répandre partout agissait déjà visiblement sur tous les animaux domestiques, et ils s'étaient instinctivement réunis par groupes aux abords de la maison, les naseaux au vent. Nous enfourchâmes aussitôt nos bêtes, et nous dirigeâmes de toute leur vitesse vers le lieu du sinistre.

Il faisait alors nuit close; de grandes gerbes d'étincelles s'élevaient incessamment dans l'air à la façon d'un feu d'artifice, et de temps en temps, lorsque l'élément destructeur avait saisi quelque arbre élancé, il s'y mêlait une longue colonne de feu : tout le ciel était embrasé. Nous avancions en silence, l'inquiétude se peignait sur tous les visages, et les mines désespérées de mes gens ne me faisaient pas augurer grand succès dans la lutte que nous allions entreprendre. Toutefois, je m'étais mépris sur un point : contre mon attente, plus le danger s'accrut, plus leur courage grandit; et lorsque je leur dis un mot de l'assistance que j'attendais des Indiens, je les vis en quelque sorte renaître à l'espérance. Quand nous fûmes arrivés à la maison de mon fermier Fernando, bien plus menacée pour le moment que la mienne, Fernando et ses fils étaient debout, tout prêts à nous accompagner, de sorte que nous étions onze hommes en tout; ce n'était guère pour combattre un ennemi aussi redoutable, et d'ailleurs nous ressentions tous plus ou moins la fatigue de nos labeurs de la journée.

Nous nous bercions de l'espoir qu'au moins le temps resterait calme jusqu'à ce que nous eussions pu prendre nos mesures de défense; mais, par malheur, un vent de nord-est assez violent s'éleva soudain et attisa les flammes de telle sorte qu'elles atteignirent en quelques minutes une hauteur épouvantable et nous obligèrent à nous abriter dans un ravin qui traversait tout le plateau. Les deux versants du ravin étaient garnis d'arbres qui devaient offrir au feu plus de résistance que de l'herbe brûlée par le soleil et quelques buissons desséchés. J'espérai en conséquence pouvoir là me rendre maître de l'incendie; je postai mes hommes sur le rebord opposé du ravin, et je fis abattre les arbres les plus rapprochés, afin que les flammes ne pussent pas franchir cette espèce de fossé naturel. En même temps on coupa tous les buissons qui se trouvaient dans le voisinage de la maison; les femmes

T. I, p. 215. A. Monillon del.

UN INCENDIE DANS LES PAMPAS DU CHILI.

et les enfants les emportèrent par brassées, et l'on put compter qu'au moins l'habitation serait préservée.

Mais tout à coup se manifesta, par le violent craquement des branches inférieures des arbres, un nouveau danger auquel nous n'avions pas songé; tous les animaux domestiques qui paissaient aux alentours, affolés par la peur, arrivaient sur nous comme un ouragan. D'abord nous vîmes se précipiter dans notre direction les juments sous la conduite du plus fort de nos étalons; il fallut, bon gré mal gré, interrompre l'abattage des arbres et chercher un refuge derrière les troncs, afin de ne pas être renversé par elles. A la suite des juments galopaient les poulains, et, tout de suite après, d'épouvantables mugissements annoncèrent les bêtes à cornes, qui s'avançaient à leur tour de toute la vitesse de leurs jarrets, en escadrons serrés, et faisaient trembler la terre sous leurs bonds furieux. Toute la troupe franchit le ravin, sans s'arrêter un seul instant, et bientôt on n'entendit plus ses cris de terreur et ses beuglements que comme un bruit lointain que la crépitation de l'incendie ne tarda pas à couvrir.

Un incendie de forêts, dans ces contrées où la végétation est luxuriante, est accompagné de phénomènes particuliers. Les troncs qui éclatent, les branches qui tombent sur le sol, les racines qui se tordent au milieu de mille craquements, le pétillement de l'herbe sèche, le sifflement des flammes sous l'action du vent : tout cela produit un grand bruit, plus ou moins intense, suivant que le fléau gagne plus ou moins de terrain. Parfois on aperçoit, tout à l'entour du foyer, un rideau d'arbres verts que le feu n'a pas encore atteints; soudain une langue de feu se détache; on voit courir le long des branches un serpent bleuâtre, et en un clin d'œil le rideau vert s'est changé en une mer de flammes.

Déjà le vent nous arrivait de plus en plus chaud ; une véritable pluie d'étincelles remplissait l'air ; l'atmosphère était étouffante et à peine parvenait-on à se faire entendre, tant le fracas de l'incendie se rapprochait. Mes gens, épuisés de fatigue, laissaient tomber leurs haches ; je dus songer à la retraite avant que la muraille que formait entre nous et le foyer incandescent un épais massif d'érables n'ait été entamée par le feu. Je n'eus d'ailleurs guère le temps de délibérer ; soudain un violent coup de vent emporta dans notre direction des branches enflammées, et au même moment retentit le cri : « Le feu est derrière nous ! nous sommes coupés par le feu ! »

Alors tout le monde se précipita en désordre vers le ravin pour tâcher de passer sur l'autre bord. Quelques-uns de mes hommes, dans leur épouvante, ne reconnurent pas tout de suite leur chemin, se séparèrent, sans s'en apercevoir, du groupe principal, et se mirent à pousser des cris déchirants, jusqu'à ce que finalement nous nous fussions, chacun de notre côté, retrouvés sains et saufs sur le revers opposé : bien que le danger ne m'eût pas semblé aussi immédiat, j'avais été moi-même entraîné par le torrent, et ce n'est qu'après examen fait que je pus me convaincre que nous avions cédé à une véritable panique : quelques petits buissons isolés avaient seuls été allumés par les étincelles et il n'y aurait eu réellement encore aucun péril en la demeure. Néanmoins, mon monde était trop fatigué et trop ému pour que je pusse songer à le reconduire à l'assaut; d'ailleurs, dans notre fuite précipitée, plusieurs de nos haches avaient été perdues et nous n'aurions pu lutter contre le fléau qu'avec des armes et des forces insuffisantes; je fis donc circuler ma gourde d'eau-de-vie, et après un moment d'arrêt, nous continuâmes notre retraite, moi à cheval, mes gens à pied, car leurs chevaux qu'ils avaient montés sans selles ni brides s'étaient déjà sauvés depuis longtemps.

Nous arrivâmes bientôt à une place découverte d'où nous pouvions suivre les progrès du feu, tout en prenant un peu du repos dont nous avions tous besoin. Pendant notre retraite, l'incendie avait gagné le bord du ravin et l'herbe avait bien commencé à brûler à vingt places à la fois. Puis la flamme était montée, le long des lianes qui descendaient de toutes les branches, jusqu'au sommet même des arbres les plus élevés, et se jouait sous nos yeux dans la couronne touffue de gigantesques lauriers dont le feuillage résineux lui offrait un abondant et facile aliment. Il ne fallut que quelques instants pour que les troncs eux-mêmes fussent tout en feu, et que les branches les plus fortes tombassent sur le sol, brisées et fumantes, avec un bruit de tonnerre.

Toutefois, le fléau avait atteint là son maximum d'intensité; il tenta par un suprême effort d'arriver à l'autre bord du ravin, mais ce fut en vain. Les arbres abattus étaient entassés les uns sur les autres et avaient tellement écrasé tous les buissons, il régnait au-dessous une telle humidité, que même l'énorme chaleur dégagée par le foyer de l'incendie ne suffit pas à les allumer : par-ci, par-là on vit flamber quelques feuilles ou une petite branche, mais la masse entière ne prit pas feu. Une demi-heure après, nous ne pûmes pas découvrir en deçà du ravin une seule place de laquelle s'échappât de la fumée, et quand arrivèrent les Indiens dont j'avais réclamé l'assistance, le foyer principal même commençait à s'éteindre : on n'y voyait plus brûler que quelques troncs d'arbres isolés. Nous jugeâmes, en conséquence, qu'il suffisait de laisser deux hommes en arrière pour surveiller le feu, tandis que le reste de la troupe retournerait à San-Juan, afin de prendre un repos nécessaire. Il était alors trois heures du matin.

Nous dormions depuis deux heures à peine, quand le cri : Au feu ! vint nous réveiller en sursaut. Nos deux gardiens s'étaient laissé vaincre par le sommeil; le feu, sans qu'ils s'en doutassent, avait traîtreusement franchi le ravin, et lorsqu'enfin ils s'aperçurent du danger, les flammes s'élevaient furieuses à quelques pas d'eux. Pour le coup, tout sembla perdu : même avec le secours des Indiens, il ne fallait pas songer à éteindre la Pampa. L'élément destructeur avançait à pas de géant; les champs de maïs qui entouraient la ferme de Fernando étaient en feu, et il paraissait impossible désormais de préserver sa maison. J'en fis promptement retirer les quelques ustensiles les plus précieux, et nous étions résignés à l'abandonner à son sort, quand tout à coup le vent tourna du nord-est au nord, ce qui chassa de nous les flammes et la fumée, et nous permit de maîtriser le feu à quelques pas de la maison. La ferme était sauvée, mais ma reconnaissance envers Dieu ne m'empêcha pas de m'apercevoir tout de suite que ce qui était un grand bonheur pour Fernando créait un sérieux péril pour ma propre demeure, qui était maintenant précisément sous le vent: il s'agissait de couper le feu et de l'arrêter à un terrain couvert d'herbes et d'épais buissons qui sépare la colline de Fernando de la mienne. Ce terrain est assez bas, mais ne pouvait pas opposer partout aux flammes une barrière efficace. Heureusement le feu, qui en avait rapidement atteint la lisière, nous laissa le temps de gagner le chemin de San-Juan et d'attaquer de nouveau l'ennemi par devant.

La majorité de mes gens était d'avis de prendre pour base de nos opérations une petite rivière qui traverse le terrain dans toute sa longueur et de chercher à en disputer le passage aux flammes. Mais la rivière était étroite, presque complétement à sec et recouverte en partie par la végétation; puis son cours en pleine Pampa, au milieu des herbes desséchées, était trop long pour qu'il fût possible, avec le peu de temps dont nous disposions, d'empêcher le feu de la franchir. Je cherchai donc plus en arrière une place qui se prêtât mieux à la défense, et j'en trouvai une excellente, assez près de ma maison. Je m'appuyai, dans les mesures que je pris, sur ce phénomène connu que les incendies dans les Pampas se meuvent non-seulement dans le sens du vent, mais aussi contre le vent.

La ligne que nous avions à défendre s'étendait sur une longueur de 50 à 60 mètres et aboutissait, d'un côté, à un profond marais qui avait encore assez d'eau pour que le feu s'y éteignît, de l'autre à un mur de rochers fort élevé. Nous y prîmes position de manière à n'être gênés dans notre voisinage par aucun buisson, — ce qui aurait été assez difficile sur les bords de la rivière, — et, ensuite, chacun de nous se munit de deux arbustes bien feuillus et d'un paquet de brindilles, destiné à mettre le feu à l'herbe du côté d'où venait le vent. D'abord nous formâmes à partir du marais une chaîne de vingt hommes, faisant face au vent; chacun alluma l'herbe qui était à ses pieds et attisa le feu jusqu'à ce que les vingt foyers isolés se fussent confondus en une seule ligne de flammes. Cinq hommes se tenaient en réserve pour empêcher que le feu ne gagnât trop loin, dans le cas où les vingt premiers auraient été débordés. Nous renouvelâmes trois fois cette manœuvre, et parvînmes ainsi jusqu'à la paroi de rochers. Nous ne tardâmes pas à remarquer, à notre grande satisfaction, que le feu, progressant fort lentement contre le vent, laissait derrière lui une ceinture noire, qui se trouva déjà assez large lorsque l'élément destructeur déboucha, du côté inverse, des buissons dans la Pampa. En même temps, mes compagnons purent se convaincre que j'avais eu raison de ne pas vouloir établir notre ligne de défense sur la rivière; car elle fut franchie par les flammes en plus de quarante endroits à la fois, et toute tentative de maîtriser le fléau eût été vaine. En nous plaçant plus en arrière, nous avions gagné un temps précieux, et nous eûmes la joie de voir notre ennemi expirer sous nos yeux au moment où il toucha aux places déjà consumées.

Le lendemain, je le combattis de la même façon et avec le même succès, quand, après avoir fait un grand circuit vers le sud et le sud-ouest, il vint de nouveau menacer mon habitation, mais cette fois du côté opposé.

L'incendie, d'après ce que j'appris plus tard, avait éclaté le matin du premier jour dans les forêts voisines de Cudico, et causé d'assez grands ravages entre cette localité et San-Juan; il fut éteint le troisième jour par une pluie violente amenée par le vent du nord. Pour nous, le dommage ne fut pas grand, au point de vue agronomique; car le fléau eut pour effet de déblayer en très-peu de temps les flancs de deux coteaux. Mais il nous fit perdre des pâturages et des bois de construction d'autant plus précieux pour nous qu'ils se trouvaient tout à fait à portée de nos fermes, ce qui commence à devenir assez rare dans cette partie du Chili, surtout pour les bois.

Que la campagne ait gardé pendant assez longtemps une apparence sinistre et désolée, c'est ce que j'ai à peine besoin d'ajouter. Mais la fertilité du sol est telle et les cendres sont un si puissant amendement que, dès l'année suivante, les teintes grises et noires avaient de nouveau fait place, presque partout, à la verdure la plus luxuriante.

II.

Le chien de la Prairie et ses mœurs.

L'un des animaux les plus intéressants que l'on rencontre sur les hauts plateaux de l'Amérique du Nord, c'est le chien de la Prairie; ce chien, en réalité, appartient à la famille des marmottes et n'a aucun trait de ressemblance vraiment caractéristique avec la race canine, ni dans son extérieur ni dans ses mœurs. Les trappeurs du Canada avaient l'habitude de le désigner sous le nom de « petit chien », et comme son cri n'est pas sans analogie avec un aboiement, le nom de chien de la Prairie lui est resté.

La première colonie de ces petits animaux que nous rencontrâmes, raconte le voyageur américain Bartlett (1850-1853), était dans le Texas, près du Brady's Creek, l'un des bras du Colorado oriental. C'est la plus grande que j'aie vue, et je n'en ai même jamais entendu citer de plus considérable. Nous voyageâmes pendant trois jours, à travers la colonie, sans les perdre un seul instant de vue. Leurs habitations s'étendaient des deux côtés aussi loin que le regard pouvait porter et se manifestaient par des monticules assez élevés, provenant de la terre qu'ils avaient rejetée en creusant leurs galeries. Chacune de ces habitations mesure une dizaine de mètres et chaque monticule fournirait bien une charretée de terre. Une ou deux ouvertures y donnent accès, sous un angle de 45°. Quant à préciser si les travaux vont très-profondément, je ne suis pas à même de le faire; tout ce que je sais, c'est qu'on a souvent essayé d'en faire sortir les hôtes en y versant de l'eau à pleins seaux et qu'on y a rarement réussi. Un bon chemin battu conduit d'un monticule à l'autre, ce qui prouve que les habitants ont entre eux des relations d'amitié, sinon de parenté.

On peut admettre que la colonie, ou la *ville des chiens*, comme on l'appelle, a cent kilomètres de longueur, car, comme je l'ai dit, nous mîmes trois jours à la traverser et nous faisions de trente à quarante kilomètres par jour. Nous ne l'avons pas mesurée dans le sens de la largeur; mais en ne la supposant qu'égale au quart ou à la moitié de la longueur, il est aisé de s'imaginer quelle immense quantité d'animaux doit renfermer la ville. Sur toute cette étendue, le pays était plat et couvert d'une herbe si particulièrement courte que sans doute les «chiens» la tondent pour leurs repas. Les rivières ne constituent pas pour ces animaux une frontière infranchissable; car nous avons trouvé fréquemment leurs habitations sur les deux rives d'un même fleuve. Les colonies sont naturellement d'autant plus populeuses que la nourriture est plus abondante; j'en ai remarqué parfois sur des plateaux élevés ou des coteaux où l'herbe était fort maigre et où l'on pouvait présumer à première vue qu'il y avait des ressources pour peu de monde. Aussi, en approchant, ne manquais-je pas de trouver beaucoup d'habitations vides.

Je ne puis pas dire grand'chose des mœurs des chiens de la Prairie, d'après mes observations personnelles, bien que j'aie vu des milliers de ces animaux. Il m'aurait été agréable de leur consacrer une journée, de me cacher dans leur voisinage et d'étudier leurs mouvements; mais, chaque fois que je me trouvai aux endroits les mieux appropriés à ce genre d'observations, il me fut impossible de m'arrêter. Le major Long, dans son *Voyage aux Montagnes rocheuses,* assure qu'ils passent l'hiver dans un état de sommeil léthargique. D'autres voyageurs affirment le contraire et prétendent que, même pendant la mauvaise saison, ils sortent de leurs demeures souterraines aussitôt que le temps se radoucit. Moi-même je les ai aperçus s'ébattant en plein air par de froides journées de novembre. Même dans les plaines plus septentrionales, où la neige recouvre le sol des mois durant, on les voit fréquemment en hiver hors de leurs habitations.

Les naturalistes se sont souvent demandé d'où ils tirent leur eau; selon quelques voyageurs, ils creuseraient assez profondément pour la rencontrer sous le sol; mais je conteste, pour ma part, une semblable hypothèse, car j'en ai rencontré sur des plateaux arides, à trente kilomètres de tout cours d'eau et à des places où il n'y a jamais de rosée.

Le chien de la Prairie est brun clair, avec le ventre et la tête d'un blanc jaunâtre. Sa taille varie entre celle d'un petit écureuil gris et d'une marmotte de Virginie : il a, du reste, avec ce dernier animal plus d'analogie qu'avec aucun autre. Lorsqu'il a toute sa croissance, il mesure de trente à trente-cinq centimètres du bout du museau à la naissance de la queue. Sa queue, touffue et relevée comme celle des écureuils, a un doigt de long; elle est presque toujours en mouvement quand l'animal est assis et jase avec ses camarades.

Leurs villes sont gardées par des sentinelles; quand nous nous approchions, toute la colonie, à un signal donné, se dispersait pour regagner ses gîtes respectifs. Chacun alors restait devant sa porte à nous épier, et, pour peu que nos allures lui parussent suspectes, se précipitait dans l'intérieur de sa demeure. Il n'est pas facile de s'en procurer, même de morts ; car, comme ils se tiennent, en cas de danger, à l'entrée de leurs galeries, quand le plomb les atteint, ils roulent en dedans. Sur vingt coups que je leur tirais, il était rare que je pusse emporter plus d'un seul individu.

On dit que la chair des chiens constitue un bon rôti ; mais quand j'en tuai, nos provisions étaient abondantes et personne ne se soucia d'en goûter. Plus tard, lorsqu'il fallut nous rationner, aucun de nous, je crois, n'eût hésité à en manger.

Parfois des lapins vivent en commun avec les chiens, ou bien, ce qui est plus probable, ils s'installent dans les habitations construites par ces derniers. D'après ses habitudes, le lapin recherche plutôt les contrées boisées que les plaines toutes nues ; aussi peut-on supposer que ceux qu'on a vus en compagnie des chiens de la Prairie n'étaient là qu'en passage et avaient profité par hasard de la facilité qui leur était offerte de se loger confortablement sans avoir d'autre peine à prendre que de chasser les propriétaires du logis.

On rencontre aussi parfois auprès des chiens de la Prairie une petite espèce de chouette brune, debout sur leurs monticules. Peut-être leur sert-elle de sentinelle; mais, s'il en est ainsi, elle leur fait certainement payer chèrement ses services; car, avec le goût, bien connu, de toute la gent hibou pour les souris, mulots, taupes et autres trotte-menu, on peut affirmer qu'elle ne monte la garde auprès des habitations des chiens que pour croquer leurs petits. Il faut, du reste, que les parents aient peu de courage pour permettre que leur progéniture serve de pâture à un aussi petit oiseau que cette variété de chouette.

Mais leur plus redoutable ennemi est le serpent à sonnettes. J'avais entendu dire qu'il se rencontrait fréquemment dans les villes des chiens; mais une fois j'ai eu l'occasion de vérifier le fait de mes propres yeux : quatre ou cinq de ces reptiles entrèrent en ma présence dans la même habitation; il est bien évident qu'ils ne peuvent avoir d'autre but que de se nourrir également aux dépens de ceux dont ils envahissent le gîte. Les chiens ne peuvent rien contre eux, et force leur est de se laisser décimer.

J'ai vu des chiens de la Prairie au Texas, dans le Nouveau-Mexique, dans le Chihuahua, dans la Sonora et en Californie.

III.

Un voyage aérien.

On a accompli en Amérique, au mois de juillet 1859, l'un des plus longs voyages aériens qui aient été, jusqu'à présent, menés à bonne fin. Trois aéronautes, MM. Wise, Gager et La Mountain, auxquels se joignit un rédacteur du *Republican*, M. Hyde, avaient conçu, à Saint-Louis, dans le Missouri, le projet de se rendre en ballon à New-York, qui est à quelque six cents lieues de Saint-Louis. Le ballon qui devait servir au voyage mesurait vingt mètres de diamètre et portait en guise de nacelle une gondole d'un mètre et demi de large sur cinq de long, susceptible de naviguer sur l'eau. Voici le récit que M. Wise a fait de cette audacieuse entreprise dans un journal américain :

Notre départ, fixé d'abord au 28 juin, fut

successivement ajourné au 1er juillet, parce que nos préparatifs ne purent pas être achevés plus tôt. Ce dernier jour, à 6 heures du soir, le ballon *l'Atlantic* était complétement gonflé de gaz, et pendant que nous embarquions lest et provisions, M. Brooks, directeur du musée de Saint-Louis, qui se proposait de nous convoyer sur son ballon, *la Comète*, jusqu'au delà du Mississipi, effectua son ascension. A 7 heures 20 minutes, l'*Atlantic* était prêt. MM. La Mountain et Gager jugèrent qu'il serait difficile de se servir au départ de nos roues à aubes, et il fut décidé qu'on ne les ajusterait que le lendemain matin. Instruits par les pénibles expériences que nous avions déjà faites par des temps d'ouragan, nous avions fait fabriquer à Saint-Louis un grand panier, solidement cerclé, qui fut attaché entre le ballon et la gondole. Celle-ci contenait 300 kilos de lest, un tonnelet plein d'eau, un autre plein de limonade, du pain, du vin, de la volaille, des sandwichs et toute sorte de friandises que nous avaient apportées nos amis. M. La Mountain prit sous sa gouverne la gondole et le lest et se plaça à un bout; M. Gager se mit à l'autre, avec les cartes et les instruments. M. Hyde, en sa qualité de journaliste, s'assit au milieu, armé d'un crayon et de papier blanc, comme historiographe de l'expédition. M. Hyde n'était pas dans le programme; néanmoins nous l'autorisâmes unanimement à nous accompagner, sous la réserve qu'il ne nous gênerait pas; il fut convenu que, en cas de besoin, on descendrait la gondole à terre et que moi ou La Mountain nous continuerions seuls le voyage.

Dans le panier où je me plaçai, à portée de la corde de la soupape, comme commandant supérieur de l'expédition, se trouvaient 175 kilos de lest, un baromètre, un thermomètre et des vivres.

A 7 heures 20 minutes, nous partîmes de Washington-Square à Saint-Louis. Le ballon s'enleva dans la direction du nord-est. Quand nous eûmes atteint une certaine hauteur et franchi le Mississipi, nous aperçûmes M. Brooks qui atterrissait en pleins champs.

A 8 heures et demie, nous perdîmes de

vue Saint-Louis et le Mississipi, bien qu'il fît jour jusqu'après 9 heures. Comme je m'étais beaucoup fatigué en surveillant, au gros soleil, l'opération du gonflement, je laissai à M. La Mountain la direction pour cette nuit, en lui recommandant de m'éveiller s'il fallait ouvrir la soupape. Avant que je m'endormisse, nous étions parvenus à une hauteur suffisante pour que le ballon se tendît complétement : les courants atmosphériques nous portaient vers l'est. Le froid ne tarda pas à devenir assez piquant et à affecter désagréablement mes compagnons de route, surtout La Mountain, qui était souffrant depuis plusieurs jours: nous supportâmes aisément tous nos paletots et nos couvertures. Pourtant le thermomètre ne descendit pas au-dessous de 42° Fahrenheit (5°,55 centigr.), ni le baromètre au-dessous de 23 pouces (584 millimètres, ce qui correspond à une altitude d'environ 2,056 mètres au-dessus du niveau de la mer) ; ni l'un ni l'autre ne tombèrent plus bas pendant le reste du voyage, excepté au moment de la traversée de l'Ontario. M. La Mountain exprima le désir de nous voir rester de préférence dans les courants inférieurs, tant qu'ils ne nous écarteraient pas trop de la direction du nord-est. Je lui dis de faire à cet égard ce qu'il jugerait convenable et de me faire part le lendemain de ses observations. Puis je souhaitai le bonsoir à la société, je me roulai dans ma couverture, et, quelques instants après, je dormais profondément.

A 11 heures et demie, M. La Mountain, qui voulait s'élever un peu, m'éveilla pour me prier d'ouvrir un moment la soupape, car le ballon était déjà excessivement tendu. Le gaz s'échappa avec grand bruit et m'enveloppa tellement que je fus sur le point de perdre connaissance. M. La Mountain, qui s'en douta, se hâta d'envoyer à mon aide M. Gager au moyen d'une corde à nœuds qui permettait de se rendre de la gondole dans le panier et *vice versâ*. M. Gager n'eut pas de peine, en détournant de mon visage l'orifice du ballon, à me remettre sur pied : la fraîcheur de l'air fit le reste. Toutefois, je résolus de ne plus dormir de cette nuit-là. J'avais complétement repris mes esprits, et il y avait pour moi ample matière à d'intéressantes observations. Tout le ciel était illuminé d'une douce lueur phosphorescente, due à l'électricité disséminée dans l'atmosphère; notre ballon semblait translucide comme du papier huilé. Les étoiles brillaient de tout leur éclat; la voie lactée surtout était resplendissante, et quand nous passions au-dessus d'une nappe d'eau, le ciel s'y mirait avec une merveilleuse netteté; nous pouvions nous croire au centre d'un globe lumineux. Lorsque nous ne flottions pas à plus de 1,500 ou 1,600 mètres au-dessus du sol, nous apercevions distinctement les routes, les champs, les haies et les maisons; mais même plus haut nous discernions encore à merveille les forêts des prairies et de l'eau. Chaque fois que nous poussions vers la terre le cri de Halloh! l'écho nous le rapportait et nous pouvions déduire notre altitude du temps que le son mettait à revenir.

A 3 heures du matin, nous présumâmes, d'après nos observations, que nous devions nous trouver au-dessus de l'Indiana ou de l'Ohio. A 4 heures, nous vîmes à nos pieds une ville que nous ne pûmes pas déterminer; mais, peu de temps après, apparut à l'horizon le lac Érié, d'où nous conclûmes que cette ville devait être Fort-Wayne. A 6 heures, nous dépassâmes Tolédo, et une heure après nous avions atteint le lac, un peu au nord de Sandusky. Après avoir délibéré quelques instants et fait la revue de notre lest, nous nous décidâmes à essayer de traverser le lac Érié dans le sens de la longueur et à contrôler l'assertion souvent émise que les ballons ne peuvent se maintenir longtemps au-dessus des eaux à cause d'une attraction particulière à laquelle ils s'y trouvent soumis. Nous échangeâmes quelques paroles avec l'équipage d'un navire à hélice, qui nous méconseilla vainement de tenter l'aventure; puis nous nous élevâmes jusqu'à ce que le ballon fût tout à fait tendu et que le baromètre fût tombé à 580 millimètres, pour naviguer le long de la rive méridionale du lac. Mais sur l'observation de M. La Mountain, qu'en nous tenant à 100 ou 200 mètres de la surface de l'eau, nous pourrions peut-être gagner Buffalo, j'ouvris la soupape jusqu'à ce que nous fussions retombés à environ 150 mètres. Là nous trouvâmes un courant atmosphérique qui se mouvait en tempête avec une vitesse de 1,600 mètres à la minute; nous résolûmes de l'utiliser jusqu'en vue de Buffalo et, alors, de nous élever et de passer par-dessus la ville. Ce fut assurément là l'une des parties les plus intéressantes de notre voyage. Nous dépassâmes sept bateaux à vapeur qui se succédaient à d'assez longs intervalles, et avec qui nous eûmes à peine le temps d'échanger des saluts, tant notre marche était rapide. A 10 heures 20 minutes, nous flottions au-dessus de la rive canadienne, aux environs de l'embouchure du Wellandcanal.

Bientôt nous remontâmes pour trouver un courant qui nous portât plus à l'est; nous y réussîmes entre Buffalo et les chutes du Niagara, et croisâmes le Niagara près de Grand-Island, laissant Buffalo à droite et Lockport à gauche. Nous étions alors dans l'État de New-York, mais trop au nord pour pouvoir atteindre cette ville elle-même, ce qui nous détermina à atterrir aux environs de Rochester, à y déposer la gondole avec MM. Gager et Hyde, après quoi M. La Mountain et moi nous continuerions notre route, pour descendre finalement près de Portland ou de Boston.

En conséquence, nous redescendîmes; mais, à 300 ou 400 mètres, nous nous trouvâmes soudain au milieu d'un véritable ouragan. Je dis à mes amis que nous étions inévitablement perdus, si nous touchions terre par un temps pareil; le ballon continuait à s'abaisser avec la rapidité de la flèche; une seconde de plus et il allait rencontrer les cimes des arbres d'un petit bois : « Pour l'amour du ciel, criai-je à La Mountain, jetez par-dessus bord tout ce que vous avez sous la main! » — « Patience! » répondit-il tranquillement, et je l'aperçus tenant tout notre système de roues à aubes et prêt à le lâcher dans l'espace. M. Hyde me regarda : « Cela commence à prendre une tournure critique, mon cher professeur. » — « Ayez confiance en Dieu, répliquai-je, et en votre sang-froid. » En attendant, nous nous approchions avec une rapidité vertigineuse de l'Ontario, et il fallait voir comme la tempête y faisait rage ! « La Mountain, m'écriai-je, j'ai encore 75 kilos de lest dans mon panier, une lourde valise (celle de l'*Express Company*) et des provisions ! » — « C'est bien, si cela ne suffit pas, nous détacherons la gondole, et nous pourrons nous tenir au-dessus de l'eau assez longtemps pour gagner l'autre rive. » D'après la direction que nous suivions, elle était encore à 160 kilomètres. Je fis promptement filer mon lest dans la gondole.

Tout indiquait que nous devions périr : la question se résumait à savoir si ce serait dans le lac ou sur la terre ferme. Sur ma demande, Gager et Hyde grimpèrent dans le panier, et je leur exposai que, pour mon goût, j'aimais encore mieux me noyer que de me briser les membres contre les rochers ou les arbres. « Quant à moi, dit Hyde, sans s'émouvoir, je suis prêt à mourir, mais je préférerais que ce fût à terre. » Gager fut du même avis.

En attendant, La Mountain rassembla en bas tout ce qui chargeait le ballon : portemanteaux, instruments, provisions, tout passa successivement par-dessus bord ; nous ne conservâmes plus avec nous que la valise de l'*Express*.

Nos regards étaient anxieusement braqués sur le rivage, que nous apercevions à l'horizon entre l'eau et une épaisse couche de nuages, à une soixantaine de kilomètres devant nous. Nous étions emportés au-dessus des vagues du lac avec la rapidité de l'éclair. Soudain notre gondole heurta contre les flots : l'effet fut le même que si elle avait rencontré un rocher ; le flanc qui avait supporté le choc céda, et la toile cirée qui le recouvrait empêcha seule les flots de se précipiter dans la nacelle. La Mountain, cramponné aux agrès et décoiffé par la tempête, se comporta comme un héros. Il ne perdit pas une minute son sang-froid : « Ne crai-

T. I, p. 244.

H. Zuber del.

UN VOYAGE AÉRIEN.

gnez rien, Messieurs, nous cria-t-il, en jetant à l'eau le reste de notre lest et la valise de l'*Express*, je vais nous remettre encore une fois à flot. » En effet, nous nous élevâmes aussitôt d'une centaine de mètres, et le remorqueur *Young America*, qui passa au-dessous de nous, nous salua par un hourrah. Je proposai alors de laisser tomber le ballon dans le lac, puisque nous pouvions espérer être repêchés par ce navire. Mais mes compagnons aimèrent mieux tenter la fortune à terre. La Mountain s'était débarrassé de tout ce qui se trouvait à sa portée; nous étions encore à 25 kilomètres du rivage, et la tempête continuait à se déchaîner : aussi ne pûmes-nous nous soutenir qu'en brisant peu à peu la gondole elle-même à coups de hache; La Mountain vint alors nous rejoindre dans le panier. Dans l'intervalle, nous avions enfin atteint le rivage; mais en voyant les arbres violemment secoués par l'ouragan, je ne pus m'empêcher de croire que c'est sur la terre ferme que nous attendaient les plus grands périls. Je mis deux hommes à la corde de la soupape et nous tombâmes à 50 mètres de la rive entre quelques arbres disséminés. Nous filâmes aussitôt notre ancre, mais bien qu'elle eût 5 centimètres d'épaisseur, elle se brisa comme un roseau à la première tentative que nous fîmes pour l'accrocher à un arbre, et notre course furibonde à travers les cimes des arbres continua. Après avoir parcouru ainsi environ un mille, laissant dans la forêt un profond sillon, nous nous prîmes dans la couronne d'un vieil orme; le panier fut secoué dans toutes les directions, tandis que la gondole était retenue au milieu du branchage. Pourtant l'*Atlantic* se redressa, les branches s'écartèrent en gémissant, la nacelle se dégagea entraînant avec elle une partie de l'arbre d'un poids d'au moins 3 ou 4 quintaux, ce qui ne nous empêcha pas de nous élever encore à une trentaine de mètres. Mais la charge était évidemment trop forte pour notre ballon; un instant après il retomba sur un arbre élevé et s'affaissa. L'ouragan était furieux, et un moment notre position entre ciel et terre n'eut rien d'enviable. Toutefois, personne de nous n'eut de mal; les nombreux cordages, les cercles solides et le clayonnage serré de notre panier nous sauvèrent: nous eûmes le temps de nous laisser glisser à terre avant que tout l'appareil ne se fût disloqué.

Nous nous trouvions alors sur les terres de M. T. O. Whitney, à Town Henderson, comté de Jefferson, État de New-York, ayant parcouru 1,800 kilomètres en dix-neuf heures et ayant vérifié une loi atmosphérique que je pressentais, à savoir : qu'il y a constamment, tantôt plus haut tantôt plus bas, un courant allant de l'ouest à l'est, avec une vitesse variant de 80 à 130 kilomètres à l'heure: d'où il suit qu'en s'élevant à une hauteur convenable, on peut toujours et à coup sûr accomplir un voyage aérien dans cette direction. Nous y aurions cette fois complétement réussi, si mes compagnons avaient été munis de vêtements assez chauds et si nous avions pu maintenir le ballon dans la région élevée où je l'avais conduit d'abord et où les courants l'auraient immanquablement porté vers l'est.

L'*Atlantic* pourra être prochainement réparé et servir à de nouveaux voyages d'observation.

Tel est le récit donné par M. Wise le surlendemain de l'ascension, 3 juillet 1859, et complété d'après les notes de ses compagnons.

IV.

Les indigènes du Groënland septentrional[1].

Le Groënland septentrional n'a jamais eu d'autres habitants que des Esquimaux; les anciens Scandinaves, comme les pêcheurs de baleine de notre époque, n'y ont guère fait que des expéditions passagères, sans s'y établir d'une manière sédentaire, la contrée n'offrant aucun autre moyen d'existence que la chasse au phoque comme la pratiquent les Esquimaux. Le même motif fait que la population y est restée infiniment plus clairsemée que dans n'importe quel autre pays du monde habité et qu'il en sera probablement toujours ainsi. On peut voyager pendant des journées entières sur les côtes du Groënland, sans

1. D'après A. v. Etzel, *Grönland, geographisch und statistisch beschrieben, aus dänischen Quellschriften*, Stuttgart, 1860.

rencontrer un visage humain, et si l'on arrive enfin à un endroit habité, il présente deux ou trois huttes, parfois une seule, avec une population de vingt à cinquante personnes : les colonies seules comptent plus de cent habitants. Ces huttes sont élevées tout près de la mer, à vingt ou trente mètres du rivage, afin qu'il soit facile de mettre les embarcations à l'eau et de ramener à terre le produit des chasses. Il va sans dire que le pays est absolument inculte, et qu'à part les renards, les lièvres et les rennes qui y ont élu domicile, il n'est parcouru que par les chasseurs qui, en été, vont à leur poursuite, et par-ci par-là par quelques traîneaux isolés.

En 1850, on évaluait la population du Groënland septentrional à 3,400 âmes, dont à peine 100 Danois; elle s'échelonnait du 68e au 73e degré de latitude et se répartissait à peu près de la manière suivante : 1,200 habitants dans la partie méridionale, du 68e au 69e degré ; 1,000 du 69e au 70e; 800 du 70e au 71e; point du tout du 71e au 72e, et 400 du 72e au 73e. Six localités renfermaient plus de 100 habitants; tout le reste de la population était disséminé en groupes d'une quarantaine d'âmes.

Bien que tous les voyageurs aient été frappés au Groënland de la quantité relativement considérable de physionomies blondes et essentiellement européennes qu'on y rencontre parmi la population indigène, les véritables Esquimaux sont encore de beaucoup les plus nombreux. On les reconnaît à leur petite taille et à l'extrême petitesse de leurs pieds et de leurs mains. Leur teint est brun, même abstraction faite de leur malpropreté, qui est inimaginable : ils ne se lavent que fort rarement, et jamais avec de l'eau. Ils ont la figure plate et large, les yeux obliques des races mongoles, les cheveux noirs, épais et hérissés. Les hommes, qui ont la chevelure abondante, la portent fort longue, ce qui est loin de nuire à leur figure; en général, elle leur tombe jusque sur les épaules et n'est coupée court que sur le front. Les femmes, au contraire, ramènent leurs cheveux sur le haut de la tête et en forment une espèce de bourrelet assez original, de la grosseur duquel elles sont très-fières, mais qui fatigue beaucoup les cheveux et ne tarde pas à les faire tomber, surtout de côté. A tout prendre, les hommes sont moins laids que les femmes, et on se l'explique sans peine si l'on considère la manière de vivre propre aux deux sexes : tandis que, par la nature de leurs occupations, les hommes sont presque toujours au grand air, les femmes, au contraire, ne sortent guère de leurs étroites chambrettes ; à vingt ans elles perdent déjà toute fraîcheur, et, de plus, une fois mariées, elles donnent si peu de soins à leur personne et à leur toilette, font un tel abus du café, sont si nonchalantes et si peu propres, qu'en vérité, à cinquante ans, elles deviennent hideuses à voir. Leur démarche est traînante et incertaine; un embonpoint précoce creuse de bonne heure des rides sur leur visage; de sorte qu'en les voyant sortir de leurs sombres demeures, avec leurs jambes tortues et leur dos voûté, à moitié chauves et les tempes dégarnies, couvertes de la tête aux pieds de crasse et de noir de fumée, on ne peut s'empêcher de penser à quelque apparition souterraine et diabolique, et l'on ne s'étonne plus que les peuples du Nord aient considéré les *Skraelinger* comme des sorciers, ou du moins comme des êtres d'une nature essentiellement différente de la leur.

A voir la mine de la plupart des Groënlandais, surtout des enfants, on est assez enclin à prendre pour une plaisanterie ce que racontent les voyageurs de l'extrême pénurie de vivres à laquelle ce peuple serait fréquemment réduit ; je doute qu'on trouve en ce bas monde une seule nation où la masse des individus semblent aussi bien portants, aussi rebondis de corps et de figure. Cela tient à la fois à leur vie très-active et à leur alimentation exclusivement animale et fort nourrissante : poisson, lard et viande. Les figures des petits enfants sont bouffies de graisse, au point que les yeux y disparaissent presque et que le nez semble s'enfoncer au lieu d'être proéminent. A cinq et six ans, les enfants ont tous de belles joues rouges et un air resplendissant de santé ; aussi sont-ils constamment à s'ébattre en plein air, dans toutes les saisons, du matin au soir et par tous les temps. Même après les longues périodes de disette de l'hiver, les visages respirent tout autre chose que le besoin et la faim ; et, s'ils sont momentanément un peu moins florissants, ils ne tardent pas à se refaire, aussitôt que revient la saison de la chasse au renne et des longues courses dans les montagnes.

Les occupations habituelles des Esquimaux et leur manière de vivre contribuent puissamment à les rendre alertes et à les endurcir dès l'enfance. L'usage du caïc (*kajak*) dans lequel ils se risquent au milieu des glaces flottantes et vont à la chasse du phoque, du cachalot ou du narval, exige beaucoup de sang-froid et d'adresse : les caïcs sont juste assez grands pour donner place à un homme et tellement légers que, si le batelier peut au besoin les transporter sur sa tête, il suffit aussi du plus faible choc pour les faire chavirer.

La chasse, en elle-même, n'est pas dénuée de danger. Se sert-on de harpons, il faut savoir, au moment où la bête est frappée, détacher lestement, du caïc auquel il est arrimé, le harpon avec tous ses accessoires; car le phoque, notamment, cherche toujours, dans ce cas, à se dérober sous les flots, et il entraînerait à sa suite le chasseur et son équipage. La chasse au fusil n'est guère plus aisée dans une nacelle aussi vacillante; il faut au tireur une sûreté de coup d'œil peu commune.

Enfin les courses en traîneau et la chasse au renne, qui sont pour les Esquimaux bien moins une occupation régulière qu'une distraction, contribuent également à développer chez eux la souplesse du corps et la sagacité. Presque tous les hommes sont excellents marcheurs, et il n'est pas toujours prudent de les prendre pour guides: ils ne reculent devant aucune difficulté du terrain; aucune pente ne leur semble trop raide; ils se contentent de la moindre saillie, pourvu qu'ils puissent y poser la pointe du pied, et la grande habitude qu'ils ont des montagnes leur fait considérer d'un œil indifférent les précipices les plus profonds; ils ne connaissent pas le vertige.

Les Groënlandais confectionnent, avec les moyens les plus restreints, tous leurs engins de chasse et de pêche, à commencer par leurs caïcs. Ces frêles embarcations doivent être équilibrées avec soin; car, à raison de leur forme longue et effilée, elles ne supportent qu'un très-léger surpoids sur les flancs. On commence par en bâtir à vue d'œil la carcasse, puis on y applique tout à l'entour des planches de la longueur voulue, que l'on consolide au moyen de cercles de tonneau ou de toute autre baguette flexible, et l'on se borne à ménager, au centre de la partie supérieure, une ouverture par laquelle s'introduira l'unique batelier. Enfin, les femmes recouvrent toute l'embarcation de peaux préalablement assouplies, bien tendues et solidement cousues, de manière à la rendre tout à fait étanche. Les caïcs des femmes sont construits sur le même modèle que ceux des hommes.

En général, les Groënlandais sont fort habiles, quand il s'agit de faire œuvre de leurs dix doigts, et non-seulement habiles, mais encore ingénieux à tirer parti des moindres choses, et à se tirer d'affaire là où maint Européen serait fort empêtré. Ils savent d'instinct tous les métiers, font de jolis ouvrages en tabletterie, sculptent toute sorte d'objets en os et en dent de morse, et ne reculent même pas devant diverses opérations chirurgicales assez délicates : ainsi, quand un de leurs membres gèle, ils le coupent eux-mêmes sans plus de façons.

S'ils supportent à merveille les froids les plus vifs, ils craignent, au contraire, beaucoup les pluies de l'été; mais, sous ces latitudes, les jours de pluie sont incomparablement plus rares que les jours de neige. Leurs vêtements sont parfaitement appropriés au climat, et d'une coupe, sinon élégante, du moins commode et laissant au corps la liberté de ses mouvements. Ils sont faits en peaux de phoque ou de renne, et, dans une certaine mesure, en peaux de chien ou en duvet d'oiseaux : généralement, chaque pièce du costume consiste en une double fourrure, présentant le poil, celle du dessous à l'intérieur, celle du dessus à l'extérieur; quand il fait moins froid, on remplace l'une ou l'autre de ces fourrures par un vêtement en étoffe. La pelisse qui couvre le haut du corps se passe par-dessus la tête; elle ne présente d'ouverture ni par devant ni par derrière, et n'a besoin d'être ni boutonnée ni nouée. Elle se termine en haut par un capuchon qui peut être ramené sur la tête, et couvre d'une chaude fourrure le front, les oreilles et le cou : le visage seul reste à découvert. En bas, elle est plus ou moins longue, suivant le climat. Dans le Groënland méridional, elle s'arrête à la ceinture; dans les régions tout à fait boréales, au contraire, elle descend jusqu'aux genoux. Quelquefois on se garantit encore la tête avec un bonnet de fourrure, que le capuchon vient recouvrir. Tout cela colle au corps et n'entrave en rien les mouvements. Les jambes sont garanties par une culotte en peau de phoque simple, avec les poils en dehors. Cette culotte descend jusqu'au haut des bottes, et y est solidement attachée à l'aide de cordons, afin que la neige et l'eau ne puissent pas s'infiltrer dans l'intérieur. Les bottes, enduites d'une préparation qui les rend imperméables, sont doublées d'une fourrure qui tient lieu de bas, et aussi chaudes que légères; comme elles ont des semelles souples, elles sont excellentes pour les courses de montagne et permettent aux indigènes de se tenir sur des pentes où, avec nos chaussures européennes, nous ne parviendrions jamais à nous maintenir. Du reste, le costume groënlandais, si bien conçu qu'il soit pour les habitants de ce pauvre pays, ne serait pas suffisamment chaud pour des étrangers non encore aguerris à une température aussi rigoureuse, et qui ne se donneraient pas, en plein air, beaucoup de mouvement pour entretenir la circulation du sang. Aussi se couvrent-ils surtout les jambes et la figure de diverses pièces d'habillement supplémentaires, ce qui ne les empêche pas de souffrir parfois cruellement du froid, lorsqu'ils se trouvent exposés au vent. Par les temps calmes, l'homme supporte assez aisément 30° de froid; mais, avec le vent, il n'en supporte guère que la moitié; et encore doit-il bien se garder de passer brusquement d'une température semblable à celle d'un appartement chauffé, à peine de s'exposer à de cuisantes douleurs. L'objet le plus indispensable pour un voyageur européen est un grand sac de fourrure où il puisse s'ensevelir complétement. Ces sacs doublés de peau d'ours et imperméables servent à la fois de lit et de tente; ils sont munis d'une sorte de clapet qui en clôt l'orifice, de sorte que le dormeur n'y laisse entrer que juste assez d'air pour ne pas étouffer. C'est le seul moyen de dormir sans danger sur la neige et en plein air, même en hiver. Quant aux indigènes, ils ne prennent pas tant de précautions; ils se couchent par terre sans autre préservatif que leur costume habituel : tout au plus font-ils coucher leurs chiens tout près d'eux et se lèvent-ils de temps en temps pour activer, par quelques mouvements, la circulation du sang. Par les vents les plus perçants, ils dédaignent de se couvrir le visage, et quand, par hasard, ils y prennent des engelures, ce qui est rare, ils se bornent à les enduire d'un peu de lard et laissent à la nature le soin de les guérir.

On comprend aisément que des gens vivant dans un pareil climat et condamnés à se nourrir exclusivement du produit de leur chasse, aient dû réduire leurs besoins à leur plus simple expression. Là où des Européens périraient infailliblement de faim et de froid, les Groënlandais trouvent en somme assez abondamment ce qui leur est indispensable : de la pierre et de la mousse, pour construire et rembourrer leurs maisons d'hiver; de la viande de phoque, pour leur alimentation et celle de leurs chiens; de la graisse, pour s'éclairer et se chauffer; des peaux, pour se vêtir et pour confectionner leurs divers engins de chasse et de pêche. Cette absence de besoins va même jusqu'à les rendre fort indolents et imprévoyants. Dans les temps d'abondance, pendant les mois de mai et de juin, où la pêche est le plus productive, c'est à peine s'ils songent à faire des provisions pour l'hiver;

ils gaspillent et laissent se gâter plus de vivres qu'ils n'en mettent en sûreté, et pourtant, comme ils se nourrissent principalement de viande séchée, il serait bien simple d'en conserver pour l'hiver assez pour se mettre tout à fait à l'abri de la disette. Mais, avec leur paresse native, les Groënlandais se préoccupent si peu des mauvais jours de l'année, ils enfouissent si négligemment dans des trous, sous des pierres ou dans des fentes de rochers les quartiers de phoque ou de renne ou les cabillauds secs dont ils devraient se nourrir l'hiver, qu'au moment où ils auraient besoin de recourir à leurs provisions, déjà insuffisantes en elles-mêmes, ils les trouvent le plus souvent entamées par leurs chiens ou par les bêtes sauvages. Ils vivent littéralement au jour le jour, et cela par pure incurie. Quand leurs besoins immédiats sont satisfaits, les plus belles occasions de chasse ou de pêche s'offriraient à eux, qu'ils les dédaigneraient; et, d'un autre côté, ils sont parfois obligés de les laisser échapper malgré eux, parce qu'ils ont étourdiment négligé d'entretenir leur matériel en bon état, ou consenti à le vendre à quelques matelots de passage chez eux, sans songer d'abord s'il leur serait possible de le reconstituer à temps. Ce mélange d'énergie, d'adresse et de nonchalance est l'un des traits distinctifs du caractère des Esquimaux.

V.

Les voyages en traîneau et la chasse au phoque au Groënland[1].

Dans la partie méridionale du Groënland, on ne peut guère chasser qu'en caïc (*kajak*); aussi les habitants arrivent-ils à manœuvrer cette petite embarcation avec une habileté surprenante. Dans le Nord, au contraire, où la mer est prise par les glaces plus de la moitié de l'année, il leur faut un autre moyen de transport pour atteindre les endroits où se tiennent les phoques, et ils se servent d'un véhicule excessivement léger et rapide auquel ils attellent des chiens. C'est un traîneau fort primitif, de deux mètres de long sur un de large, composé de deux planches posées de champ et reliées en travers par une série de petites

1. D'après le même ouvrage que le chapitre précédent.

lattes : la partie antérieure est munie d'une armature en fer ou en os. A la partie postérieure s'élève un dossier en bois, contre lequel on s'appuie quand on est assis et qui sert à retenir ou à guider le véhicule, lorsque, dans les passages difficiles, le voyageur met pied à terre et marche derrière. Le tout est solidement rattaché par de minces lanières de cuir.

On attelle à ces traîneaux de quatre à douze chiens, qui, en plaine, arrivent à leur imprimer une vitesse de trente kilomètres à l'heure : naturellement la course est beaucoup moins rapide quand le sol est accidenté et encombré de débris de glaces ou quand il y a des montagnes à franchir. Les chiens groënlandais sont extrêmement durs à la fatigue et peu exigeants quant à la nourriture; on ne les entretient guère qu'avec des déchets de viande, et encore, dans les temps de pénurie, leur faut-il souffrir la faim. Ils ont, du reste, la faculté de faire en quelque sorte des provisions de nourriture, c'est-à-dire que, dans les moments d'abondance, ils mangent démesurément, sauf à jeûner plus tard assez longtemps sans inconvénient; ce qui ne signifie pas qu'ils résistent indéfiniment à la privation d'aliments. Il arrive fréquemment, dans les hivers très-longs et très-rigoureux, que des bandes entières de ces pauvres animaux meurent d'inanition. Le Groënlandais commence, en général, par en sacrifier quelques-uns pour nourrir les autres et se sustenter lui-même; puis il arrive un moment où, ses commensaux à quatre pattes n'ayant plus que la peau et les os, cette ressource même lui fait défaut, et qu'il les voit successivement s'éteindre autour de lui. S'ils sont peu difficiles au point de vue de la nourriture, les chiens ne réclament pas plus de soins quant à leur logement. Ils endurent en plein air les froids les plus vifs, couchent sur la glace et ne sont que très-rarement admis dans la hutte de leur maître; leur rudesse, leur sauvagerie, qui tient sans doute en grande partie à la manière dont on les traite, et au peu de sollicitude qu'on leur témoigne, feraient d'eux des compagnons assez désagréables. Il n'est pas sans exemple que, pressés par la faim, ils se soient attaqués à de petits enfants et les aient impitoyablement déchirés; les adultes eux-mêmes ne laissent pas que de courir, dans ces cas-là, de sérieux dangers : ils ont affaire à de véritables bêtes féroces. Comme tous les animaux des contrées boréales, la nature a doté les chiens du Groënland d'une fourrure épaisse, dont les indigènes font depuis longtemps usage pour leurs vêtements, et qui, dans les dernières années, est devenue, à raison de sa souplesse et de son moelleux, un important article d'exportation.

L'époque où les Groënlandais se servent le plus de leurs traîneaux à chiens est celle où ils chassent le phoque, à une distance souvent assez considérable de leurs hameaux, au moyen de grands filets tendus le long des côtes et nécessitant une surveillance journalière. Ceux, par exemple, qui ont l'habitude de chasser au mois de février, près de l'Omenak-fjord, ont chaque jour vingt ou vingt-cinq kilomètres à parcourir pour se rendre à leurs filets, et autant pour regagner, le soir, leurs demeures. Aux mois d'avril et de mai, quand on poursuit les phoques, qui commencent à sortir de leur retraite hivernale et à se chauffer au soleil, les courses sont parfois plus longues encore; il n'est pas rare que le Groënlandais fasse alors cent cinquante kilomètres dans les vingt-quatre heures, et son rapide traîneau lui rend des services signalés. Le plus souvent les voyages se font sur la glace, qui offre à ces légers véhicules une voie parfaitement plane; on ne circule sur la terre ferme qu'autant que la glace ne paraît pas assez solide pour supporter le poids de l'équipage ou qu'on a quelque presqu'île à franchir.

Les Groënlandais du Nord sont fort habiles à diriger leurs chiens rien qu'à l'aide du fouet. Ils descendent en traîneau des pentes devant l'extrême déclivité desquelles reculerait de prime abord un Européen. Du reste, l'adresse nécessaire s'acquiert, paraît-il, assez vite: il en est tout autrement de l'art de conduire un caïc et de se servir des engins de pêche qui y sont attachés. Lorsqu'une pente est très-raide, on place devant le traîneau un paquet de grosses cordes, qui, en frottant sur le sol, fait l'office de sabot; au besoin, on retient les chiens derrière le véhicule, ou bien on leur attache en l'air une des pattes de devant, et le conducteur suit, en se tenant au dossier. Aussitôt que le passage le plus difficile est franchi, si le reste de la montagne lui paraît couvert d'une couche de neige bien unie, il lance ses chiens à toute vitesse et ne ralentit leur allure qu'après avoir regagné la plaine. S'agit-il de franchir une crevasse? si elle n'est pas plus large que le traîneau n'est long, il arrête son véhicule au bord, fait sauter ses chiens l'un après l'autre, puis leur cingle les reins d'un vigoureux coup de fouet: ils partent tout d'un coup au galop et le traîneau passe par-dessus la crevasse comme une flèche. Quand elle est plus large, l'opération devient naturellement assez compliquée; parfois il faut tourner l'obstacle, d'autres fois on arrive à combler assez le vide, à l'aide de débris de glace, pour que traîneau et attelage puissent trouver un point d'appui au milieu; d'autres fois enfin, quand la crevasse est pleine d'eau, l'indigène détache sur le bord, à coups de pioche, un morceau de glace assez grand pour le recevoir, lui, son véhicule et ses chiens, et dirige vers l'autre bord ce radeau improvisé.

Après la débâcle des glaces, les traîneaux font place aux caïcs, comme moyen habituel de locomotion. Dans le Sud, c'est même le seul qui soit tout à fait usuel tout le long de l'année : aussi les habitants du Groënland méridional montrent-ils une habileté consommée dans l'art de conduire ces petites barques, tandis que ceux du Nord l'emportent pour la direction des traîneaux. Un tour de force caractéristique, que ceux-ci seraient incapables d'exécuter et qui se voit fréquemment vers le Sud, consiste, pour l'homme qui monte le caïc, à faire faire à son embarcation une culbute de côté, c'est-à-dire à la faire chavirer le fond en l'air et à reparaître de l'autre côté.

Les caïcs mesurent d'ordinaire quatre ou cinq mètres de long sur cinquante ou soixante centimètres de large, et pèsent vingt-cinq kilogrammes ; ils supportent, dans ces conditions, une charge d'un quintal métrique. On les manœuvre à l'aide d'une seule rame ayant une palette à chaque bout et confectionnée suivant certaines règles précises. C'est cette rame qui sert au batelier à se relever, quand le caïc chavire de son plein gré ou accidentellement: aussi est-il essentiel, dans ce cas-là, qu'il ne la lâche pas, car, comme il a les jambes complétement prises dans son embarcation, il aurait beaucoup de peine à se relever sans elle.

Le harpon employé pour la chasse au phoque est resté, comme le caïc lui-même et tout ce qui sert à cette chasse, exactement semblable, de nos jours, à ce qu'il était dans les temps les plus reculés, avant qu'aucun Européen n'eût abordé dans le pays. La seule différence consiste en ce que le fer a remplacé la pierre pour les pointes de harpon et de flèches, de même que pour les haches ou les autres outils. Encore la pointe seule est-elle en fer; le reste de l'armature se fait en os ou en corne de renne, parce que du métal serait trop lourd et trop sujet à se rouiller.

Le harpon proprement dit est fixé à une

longue courroie, qui s'enroule autour d'un petit tréteau et à l'autre extrémité de laquelle se trouve une vessie. Pour la commodité de la manœuvre, il s'adapte, en outre, à une hampe de deux mètres de long; mais, grâce à un mécanisme particulier, il s'en détache de lui-même lorsqu'il a pénétré dans le corps de l'animal, et tandis qu'il entraîne avec lui courroie et vessie, la hampe vient flotter librement à la surface de l'eau, où il est facile de la repêcher; on évite ainsi que l'animal ne la brise par suite des brusques mouvements que lui fait faire sa blessure. On jette le harpon à une distance de six à huit mètres au moyen d'une espèce de raquette. Quand le phoque se sent atteint, généralement il plonge, mais il reparaît peu après pour respirer, et l'on saisit cet instant pour le piquer avec une longue lance dont la pointe peut au besoin se détacher de la hampe comme celle du harpon. On réitère les coups de lance jusqu'à ce que l'animal soit assez affaibli pour qu'on puisse l'approcher sans danger et l'achever avec un couteau à ce destiné.

Parfois les phoques se trouvent à terre par bandes, et les chasseurs réussissent à leur couper la retraite vers la mer. Ils se servent alors de petits dards qui restent dans la blessure et suffisent, au bout de peu de temps, à tuer l'animal atteint.

Dans de rares occasions, les Groënlandais emploient le fusil, mais cette arme raffinée, outre qu'elle exige des approvisionnements de poudre, qui ne sont pas toujours à leur portée, s'harmonise mal avec la nécessité de chasser dans des barques aussi légères et aussi mobiles que les caïcs; il y est presque impossible de viser. Aussi est-ce presque exclusivement aux engins primitifs de leurs ancêtres qu'ils se tiennent; ils n'en arrivent pas moins, grâce à une expérience précoce et à leur remarquable adresse, à tuer ainsi, dans leurs caïcs et à coups de harpon, les deux tiers des phoques qui périssent de leurs mains chaque année. Le fusil n'est généralement en usage que quand la mer est prise par les glaces et que le chasseur se tient à l'affût dans les rares endroits où des courants

18

la maintiennent libre. Il saisit alors, pour tirer, le moment où le phoque vient respirer à la surface de l'eau; encore a-t-il toujours son caïc à côté de lui pour le poursuivre en cas de besoin ou du moins pour le ramener au bord après l'avoir tué. On comprend ce qu'une chasse à l'affût doit exiger de patience par la température et avec la bise glaciale qui règnent au Groënland en hiver. Quand la mer se prend complétement sur de très-grandes surfaces à la fois, force est aux phoques de percer dans l'épaisseur de la glace de petites ouvertures pour avoir de l'air: ces ouvertures sont circulaires et mesurent à peine un pouce de diamètre, mais au-dessous se trouve creusée une espèce de petit dôme où peut se loger la tête de l'animal. La respiration du phoque est lente, profonde, et s'entend à quelque cent mètres de distance quand elle s'effectue par un de ces trous: une oreille exercée discerne aisément d'où vient le son, et il ne reste au chasseur qu'à s'approcher assez vite et assez silencieusement de l'orifice pour pouvoir harponner le phoque avant que celui-ci se soit douté de sa présence ; il n'y réussit guère que quand la glace est parfaitement unie et qu'il porte des chaussures munies d'une semelle en fourrure avec le poil en dehors, car le moindre craquement de la neige ou le moindre bruit de pas suffirait à faire fuir l'animal. Toutes les circonstances sont-elles favorables, un Groënlandais parvient à faire dans sa journée six ou huit victimes. En général cette chasse-là se fait en société ; plusieurs chasseurs se concertent de manière à aller se mettre à l'affût près de tous les trous existant dans un espace, par exemple un fjord, déterminé. Ils augmentent par là même de beaucoup leurs chances de succès, car en supposant que le phoque, effrayé par un mouvement quelconque, se retire de la première ouverture où il sera venu respirer, on peut être certain qu'il se dirigera aussitôt vers une deuxième et n'échappera guère à l'un ou à l'autre des associés. La chasse à l'affût se pratique encore beaucoup dans la partie septentrionale du pays, près d'Omenak et d'Upernavik, mais on l'a presque abandonnée dans le Sud; elle est d'autant plus pénible pour ceux qui s'y livrent qu'une immobilité absolue est l'une des conditions de son succès et que cette immobilité, la figure au vent et par 20 ou 25° de froid, devient promptement un véritable supplice, même pour des hommes aussi endurcis que les Groënlandais à la rigueur de la température.

On prétend que les Groënlandais avaient encore une autre manière beaucoup plus originale de prendre les phoques. Ils se mettaient à deux pour cela. On commençait par percer dans la glace deux petits trous. L'un des chasseurs se couchait à plat ventre et regardait par l'un des trous, tandis qu'il dirigeait la pointe d'une longue lance plongeant dans l'eau par l'autre trou et tenue par son compagnon. Un phoque venait-il à passer à portée de l'arme ou se laissait-il, ainsi qu'on le prétend, attirer par un son particulier poussé par le chasseur, vite celui-ci donnait un signal à son camarade, qui enfonçait la lance dans la direction indiquée. Cet art, en supposant qu'il ait jamais été exercé, n'a plus aujourd'hui aucun adepte.

Quand la température se radoucit et que les rayons du soleil commencent à réchauffer l'atmosphère, les phoques aiment à venir s'étendre sur la glace et à s'y reposer de longues heures, presque sans bouger. Cela arrive parfois dès le mois de mars; pourtant, en général, ils ne se montrent guère avant la seconde quinzaine d'avril, et même alors l'air est encore souvent si rude qu'on n'en rencontre qu'un petit nombre, qu'ils ne restent pas tranquilles à leur place et qu'ils ont l'oreille au guet. C'est surtout au mois de mai qu'ils sont le plus abondants et qu'ils viennent le plus volontiers dormir sur la glace, le dos au soleil. Ils sortent de l'eau par d'étroites galeries obliques qu'ils se ménagent en élargissant assez, pour y pouvoir passer, les petites ouvertures par lesquelles, en hiver, ils respiraient l'air du dehors. On peut alors les voir établis tout près de l'orifice, tantôt couchés sur le flanc, la tête sur la glace, tantôt étendus sur le dos ou le ventre et rappelant par leurs mouvements une créature humaine. Les Groënlandais, on le conçoit, ne laissent pas échapper ce moment si favorable et se mettent en chasse aussitôt qu'apparaissent les premiers phoques. Autrefois ces chasses étaient fort intéressantes : l'indigène, armé d'un simple harpon, était contraint d'approcher la bête d'assez près, et, par conséquent, de déjouer à force de ruse sa défiance native : il se revêtait ordinairement d'une peau de phoque qu'il ramenait soigneusement sur sa tête et rampait sur la glace en contrefaisant aussi bien que possible les allures et les mouvements de son adversaire. Aujourd'hui l'importation des armes à feu à longue portée a bien simplifié l'opération et l'on a complétement renoncé au harpon. Pourtant il ne faudrait pas croire qu'il soit très-aisé d'atteindre les phoques même avec une arme à feu; d'abord ils sont constamment sur leurs gardes, et comme ils se tiennent très-près de l'orifice de leurs galeries, ils font à la moindre apparence de danger une prompte retraite. Ensuite il faut du premier coup les avoir atteints à la tête ou leur avoir traversé le col, car avec toute autre blessure moins grave ils rassemblent leurs dernières forces pour se glisser jusque dans leur galerie, et alors ils sont perdus pour le chasseur, lors même qu'ils meurent peu d'instants après. En général le chasseur est monté sur un petit traîneau, glissant sans aucun bruit sur des lanières de fourrure et muni d'une voile derrière laquelle l'homme se dissimule. Il s'approche en faisant un grand détour et autant que possible par derrière, sans quitter l'animal des yeux et en ayant soin de se cacher chaque fois que le phoque tourne la tête vers lui. Parvenu à deux cents mètres de la victime désignée, il se couche à plat ventre et se glisse, en poussant devant lui la petite voile qui le cache, jusqu'à portée de fusil. Dès qu'il a lâché la détente, ses chiens, jusqu'alors complétement silencieux, se précipitent sur la bête et tâchent de l'empêcher de fuir.

Dans de bonnes conditions, c'est-à-dire lorsque la glace est encore assez solide pour ne faire courir aucun danger au chasseur et que pourtant l'air est déjà assez doux pour attirer les phoques et les rendre paresseux, un chasseur habile peut abattre six ou huit bêtes par jour, quelquefois davantage; mais, en revanche, il court grand risque de se faire mal aux yeux, rien n'irritant cet organe comme la réverbération du soleil sur la neige et la glace; il n'est pas rare de voir les Groënlandais qui y sont exposés, souffrir d'inflammations ou même d'une cécité temporaire.

Dès les premiers temps de leur arrivée dans le Groënland du Nord, les colons danois cherchèrent à prendre les phoques comme le poisson à l'aide de filets, et, pendant longtemps, le gouvernement, pour les y encourager, paya plus cher les produits obtenus de cette manière que ceux qui provenaient des divers autres modes de chasser usités chez les Groënlandais et décrits précédemment. Rien n'est plus simple que ce procédé : on tend sous l'eau de grands filets; les phoques, en circulant, se prennent la tête dans les mailles, et les mouvements désordonnés auxquels ils se livrent pour se dégager finissent par les embarrasser si bien dans le réseau des corde-lettes entrecroisées que parfois ils s'y étranglent avant qu'on ait eu le temps de les appréhender.

Un peu plus tard, on essaya de se servir d'engins semblables pour pêcher les cachalots et les narvals, et ce ne fut pas sans succès. Il va sans dire qu'on ne pouvait se livrer à ce genre de pêche que tant que la mer était ouverte et à des époques déterminées de l'année, par exemple au mois d'octobre, où les cachalots circulent le long des côtes pour échapper à la poursuite des espadons. On fixe le filet par un bout à la rive, par l'autre à une bouée, retenue à une certaine distance au moyen d'une ancre, ou bien l'on choisit un bras de mer étroit que l'on barre complètement à l'aide d'un filet maintenu dans la verticale par une série de pierres attachées à sa partie inférieure. C'est surtout dans le district d'Upernavik et à Niakornak, près du détroit de Waigatt, que l'on pratique de préférence cette pêche.

Pour les phoques, on se sert généralement

aujourd'hui de plus petits filets, de dix ou douze mètres de long, qu'on tend sous la glace, à l'époque la plus froide de l'année, à l'aide de trois courroies passant par autant de trous percés dans ce but. Il faut aller les visiter une ou deux fois par jour, car aussitôt qu'un phoque y est pris, il est exposé aux appétits voraces de tant de gloutons grands et petits que si on ne le retirait pas tout de suite, on risquerait de le trouver fort endommagé. Ce n'est pas peu de chose, par un froid de 20 ou 30°, de tirer de l'eau un aussi gros animal et de le dégager des mailles d'un filet gelé. Pourtant il paraît qu'on en prend assez vite l'habitude et, à cela près, cette chasse est une ressource précieuse, car elle se fait précisément dans la saison où les autres sont presque impossibles et où souvent les pauvres colons sont réduits à la famine.

Sur certaines côtes où la chasse est organisée en grand au compte de compagnies de négociants européens, on se sert des filets d'une manière plus expéditive encore. On choisit un bras de mer peu large parmi ceux où l'on a remarqué que les phoques ont coutume de passer, et l'on tend aux deux extrémités un long filet qui obstrue complétement le passage : le moment de la chasse arrivé, on abaisse l'un des deux de manière à permettre aux phoques de s'engager dans le chenal, et quand on en a ainsi enfermé une quantité suffisante, on relève le filet, on les laisse se prendre dans les mailles, ou on les tire à coups de fusil. Dans les années 1838 à 1842, où la chasse fut le plus productive, on prit, en une vingtaine de places, quatre mille phoques qui fournirent environ 1,400 quintaux de graisse, sans parler des peaux. Mais on a remarqué depuis que les meilleures pêcheries ne donnent de beaux résultats que pendant une période assez restreinte, soit qu'il se produise, par le fait même de la pêche, une sorte de dépopulation temporaire de la région, soit que les phoques, instruits par l'expérience, se décident à changer leur itinéraire habituel. On se hâte alors de s'installer ailleurs, car le matériel en lui-même a une valeur relativement considérable, les capitaux engagés sont importants, et tout temps d'arrêt dans les gains est très-préjudiciable. Les filets et les autres engins qui garnissent une pêcherie valent tout près de 1,500 fr., et comme on est obligé de les renouveler intégralement dans un espace de trois ou quatre ans, on peut compter qu'ils coûtent en moyenne 400 ou 500 fr. par an, somme à laquelle il faut ajouter les gages de quatre hommes et de deux femmes pendant quatre mois. Ces gages sont extraordinairement modiques, à peine 6 ou 8 fr. par tête et par mois, parce que les indigènes se nourrissent, pendant ce temps, de la chair des bêtes qu'ils tuent et considèrent ce droit comme une portion de leur salaire. C'est donc environ 200 fr. qu'il faut ajouter pour la main-d'œuvre; mais si minime qu'elle soit en elle-même, cette somme, ajoutée à la précédente, grève assez lourdement les pêcheries, et il n'en est plus aujourd'hui qu'un petit nombre qui rendent des bénéfices notables.

OCÉANIE.

A. Mouillon del.

T. I, p. 287.

VUE DU GUNONG GEDEH, DANS L'ÎLE DE JAVA

BIBLIOTHÈQUE

OCÉANIE.

Excursion au sommet du Gunong Pangerango et au cratère du Gunong Gedeh, dans l'île de Java[1].

Depuis la rade de Batavia, on voit émerger dans le lointain, par delà le pays plat qui forme la côte septentrionale de l'île de Java, d'énormes masses de montagnes, de belles cimes en forme de cônes, que les marins désignent sous le nom de «Montagnes bleues». De bon matin, au lever de l'aurore, lorsque les sommités sont illuminées par les rayons du soleil, on les aperçoit distinctement en mer à de très-grandes distances. A droite se trouve le Gunong Salak, vaste cône à triple pointe, profondément crevassé : c'est un volcan aujourd'hui éteint, mais qui, en 1699,

1. D'après un article de Ferd. Hochstetter, dans la *Wiener Zeitung*. (Kletke, *Reiseschilderungen*, Berlin, 1861.)

vomit encore, au milieu de formidables détonations et d'éclairs de feu, d'énormes quantités de sable et de boue, qui, sous forme de torrents boueux, allèrent se perdre dans la mer non loin de Batavia, charriant avec elles des arbres déracinés, des cadavres d'animaux sauvages et domestiques, de crocodiles et de poissons, et obstruant l'embouchure de toute une série de fleuves et de rivières. Ç'a été, d'ailleurs, son dernier effort : depuis cette époque, il est resté complétement inerte, éteint jusque dans ses entrailles les plus profondes, et de paisibles cultures, de belles et vigoureuses forêts tapissent les flancs du monstre. A gauche du Salak se dresse un massif de montagnes beaucoup plus important par son développement et son élévation : le massif du Gedeh. La cime la plus haute, la plus régulièrement conique porte le nom de Gunong Pangerango ; elle a environ trois mille cent mètres au-dessus du niveau de la mer. A gauche, presque à la même hauteur, un œil un peu perçant peut découvrir, quand le soleil éclaire les cimes, les parois rocheuses du Gedeh et même de temps en temps quelqu'une de ces légères vapeurs qui s'en dégagent et qui décèlent un volcan en activité. Mais il faut s'y prendre de bon matin, car dès dix heures les nuages couvrent les hauteurs et les dérobent aux regards pour le reste de la journée. Vers midi ils se massent, et l'on peut parier presque à coup sûr qu'à trois heures un orage éclatera dans les montagnes; souvent les éclairs illuminent, fort avant dans la soirée, la rade de Batavia.

Nous n'eûmes pas plutôt aperçu les cimes aériennes du Pangerango et du Gedeh que nous fûmes pris d'une irrésistible envie de les visiter. Quelle jouissance, après avoir passé cinq longs mois en mer et avoir vécu dans une atmosphère constamment chaude et humide, avec une température d'une trentaine de degrés centigrades, de respirer de nouveau pendant quelques instants l'air pur et sec des montagnes, et même d'un peu s'y geler! Notre ardent désir fut satisfait, nos vœux devinrent une réalité.

Le 13 mai 1858 nous étions tous à Buitenzorg, résidence du gouverneur général (célèbre par un jardin botanique superbe et qui n'a son pareil qu'à Calcutta), réunis autour du baron de Wüllerstorf, commandant de la *Novara*, pour faire avec lui la partie du Pangerango. Le gouvernement avait tout organisé de la manière la plus agréable pour notre excursion. Le commandant était accompagné de l'aide de camp du gouverneur général, de M. de Kock et de M. le docteur P. Blecker; le 14, au matin, nous nous mîmes en route pour Tjipannas, répartis dans trois bonnes voitures à six chevaux. Tjipannas est situé au pied du Pangerango vers le nord-est, seul côté par où la montagne soit accessible sans trop de peine. La chaussée qui y mène est une partie de la grande route postale qui va de Batavia à Surabaya; elle franchit, précisément dans la portion que nous avions à parcourir, le col du Megamendung, l'une des ramifications du massif du Gedeh, haute de mille sept cent quarante mètres. En quittant Buitenzorg, on monte d'abord en pente douce à travers une contrée richement cultivée, au milieu de superbes champs de riz et de plantations de cochenille, et l'on passe près de Gadok, où le gouvernement entretient un hospice pour les convalescents : c'est là que se trouvent les intéressantes collections zoologiques formées par le docteur Bernstein, un médecin allemand qui est fixé à Gadok. Depuis le quatrième relais de poste de Tugu la route passe entre des vergers de caféiers, puis elle atteint une région tout à fait sauvage et devient tellement raide vers le sommet du col qu'il fallut atteler à chacune de nos voitures quatre paires de buffles à la place des chevaux. Le sommet du passage forme la limite entre la régence de Buitenzorg et celle de Préanger et en même temps la ligne de démarcation entre la langue malaise et la langue de la Sonde, ce qui, pour les étrangers à qui les deux idiomes sont également inconnus, n'a d'autre conséquence que de les obliger à prononcer le mot « Sono » au lieu du mot « Api », quand ils ont besoin de feu pour leurs cigares, en supposant, du reste, qu'ils soient fumeurs, qualité qui fait rarement défaut dans la partie masculine de la population indo-hollandaise. Le jour commençait à baisser quand nous atteignîmes Tjipannas, qui est de trois à quatre cents mètres plus bas que le sommet du col; nous trouvâmes tout préparé pour nous recevoir dans la maison de campagne du gouverneur général, et notre société s'y grossit de quelques messieurs qui étaient venus à notre rencontre depuis Tjandjur pour saluer le commandant.

Le 15, lorsque nous nous mîmes en selle pour commencer l'ascension proprement dite, la montagne était enveloppée jusque fort bas d'épais nuages, ce qui ne nous promettait pas une bien belle vue depuis le sommet. On a ménagé un chemin pour les chevaux jusqu'à la cime de la montagne; ce chemin côtoie souvent de dangereux précipices; mais les chevaux javanais — une petite et forte race — ont le pied sûr et résistent aux montées les plus pénibles. La cavalcade se composait de trente cavaliers, car un certain nombre d'indigènes s'étaient adjoints à nous comme une sorte de garde d'honneur, et les forêts, ordinairement si tranquilles, que nous traversions, étaient alors animées par la présence de centaines d'hommes qui transportaient des vivres, de la literie, des chaises et des tables au sommet de la montagne où nous nous proposions de passer la nuit. Les forêts ne commencent pas tout de suite au sortir de Tjipannas; jusqu'à 1,300 mètres d'altitude les flancs de la montagne sont couverts de pâturages ou de plantations de tabac et de café; on aperçoit de distance en distance de petits villages, et de grands troupeaux de buffles paissent dans les prés. A l'entrée même de la forêt, à une place où de grands arbres isolés dressent déjà leur tête séculaire comme des sentinelles avancées, on est tout surpris de rencontrer des champs d'artichauts et de fraises, qu'on salue avec plaisir en souvenir de la patrie absente. Au beau milieu de ces champs se trouvait un singulier arbre, à couronne pyramidale, protégé par un toit contre les rayons perpendiculaires du soleil, entouré d'une haie et soigneusement attaché à des tuteurs en rotang. Il fallait, pour qu'on eût pris tant de précautions, que ce fût une plante bien précieuse; on avait même été jusqu'à construire tout exprès à côté une guérite pour un gardien. Notre étonnement cessa quand nous lûmes sur une plaque de métal son nom : *Cinchona calisaya*, c'est-à-dire, en français, un *quinquina* : c'était un exemplaire de ce précieux arbre que, pour le plus grand bien de l'humanité, le gouvernement hollandais s'est appliqué à acclimater à Java. L'arbre que nous avions sous les yeux était né au Jardin des Plantes de Paris d'une semence rapportée de Bolivie par Weddell; en 1832 il avait été transplanté à Java, le premier de son espèce, et y était devenu un bel arbre de plus de cinq mètres de haut, portant des fleurs et des fruits. Maintenant on compte dans la colonie au moins sept cents autres pieds de quinquina, venus les uns de rejets, les autres des semences rapportées par Hasskarl du Pérou : quatre-vingts croissent non loin de la *plante-mère* (comme on appelle celui qui y fut importé le premier), à l'ombre de hauts rasamalas; le reste se trouve dans l'intérieur du pays, disséminé sur d'autres cônes volcaniques. Plantes précieuses dans toute la force du terme! Car on dit que jusqu'à ce jour chaque exemplaire coûte au gouvernement trois mille florins de Hollande, plus de six mille francs. On attendait avec impatience, pour l'année même de notre voyage, les premières semences mûres.

Après avoir dépassé Tjibodas, on chevauche le long d'une gorge présentant la plus luxuriante végétation, dans une forêt majestueuse, où les gigantesques troncs des rasamalas s'élèvent à trente et quarante mètres dans les airs, au-dessus d'un fouillis de plantes tropicales, de bananiers sauvages et de charmantes fougères arborescentes. Nous montâmes ainsi jusqu'à Tjiburrum, notre première station (1,700 mètres), située dans une vallée qui s'élargit en forme de plateau. Une maisonnette en planches, avec un petit jardin d'acclimatation pour les plantes exotiques provenant de zones plus froides, prouve le zèle du directeur du jardin botanique de Buitenzorg, qui, pour atteindre un but utile, n'a pas reculé devant un établissement placé au cœur des forêts, bien au-dessus de la région habitée par les hommes; c'est à lui, en général, que l'on doit tout l'aménagement du chemin qui mène au sommet du Pangerango. Nous ne nous arrêtâmes que le temps nécessaire pour changer de chevaux, et nous nous remîmes, aussitôt après, à gravir un sentier en zigzag, étroit et rapide, au milieu d'épaisses forêts, où régnait un silence de mort : on n'y entendait d'autre bruit que la respiration haletante de nos chevaux et le sourd murmure des torrents au fond de leurs lits de rocher. Tout à coup ce bruit d'eau devint plus intense, et, à notre grand étonnement, nous arrivâmes en face d'une cascade d'eau chaude. La source, dont la température est de 45° centigrades, et qui forme d'emblée une véritable rivière, sort d'un rocher trachytique, tout près du chemin, et se précipite, fumante et écumeuse, au fond d'une gorge tapissée des plus charmantes fougères. Je n'ai jamais vu de spectacle qui rappelât mieux les périodes primitives de la création que cette forêt de fougères arborescentes enveloppée dans de chaudes vapeurs, et tout à côté un torrent d'eau glaciale! Si cette source thermale décèle déjà le voisinage de feux souterrains, on reconnaît encore la présence d'un volcan en activité au vaste champ de pierres et de débris de toute sorte qu'on est obligé de traverser ensuite : le Gedeh n'est plus assez puissant pour vomir des torrents de lave incandescente; mais quand il travaille, ce sont des masses de pierres et de boue qu'il rejette et qui s'écoulent le long de ses flancs abrupts, entraînant tout sur leur passage. Après avoir gravi une paroi de rochers à pic, nous atteignîmes notre seconde station, Kandang Badak (2,400 mètres).

Dans la langue du pays, *Kandang Badak* signifie *le rendez-vous des rhinocéros*. Il paraît qu'il arrive encore de temps en temps d'y rencontrer l'un ou l'autre de ces pachydermes; mais il va sans dire qu'une troupe d'une centaine d'hommes avec à peu près autant de chevaux faisait dans ces forêts, d'ordinaire si silencieuses, assez de bruit pour chasser bien loin ces timides animaux, et que, par conséquent, nous ne fûmes pas à même de nous assurer, par nos propres yeux, de l'exactitude de la dénomination. Là aussi nous trouvâmes une maisonnette en planches que les pierres brûlantes lancées par le Gedeh ont, dit-on, plus d'une fois réduite en cendres. On y voit, de plus, les restes d'une plantation de fougères faite par le botaniste Hasskarl, parce que la fougère a des propriétés hémostatiques, qu'on utilise dans la médecine. A Kandang Badak le chemin se bifurque; d'un côté, un sentier de piétons conduit au cratère du Gedeh; de l'autre, continue le chemin qui mène au sommet du Pangerango. Il nous restait à accomplir la dernière partie de notre excursion, à gravir le cône même du Pangerango. La montagne était si complétement enveloppée par les nuages qu'on ne s'apercevait guère qu'aux courts et rapides zigzags du chemin qu'il serpentait le long d'un cône présentant une inclinaison régulière de 25 à 30°. L'atmosphère avait pris la fraîcheur des hautes régions, et, sans être botaniste, il était aisé de remarquer une sensible différence dans la végétation; il y avait bien encore des fougères, — on en trouve jusque tout au sommet du pic, — mais les gigantesques rasamalas avaient fait place à de petits arbres noueux, rabougris et moussus, à une forêt de *Leptospermum* et d'*Agapates*, qui tapisse tout le cône jusqu'au sommet.

Il était juste midi, quand, venant du sud-ouest, nous mîmes le pied sur la cime. Je ne pus m'empêcher de me rappeler la description qu'avait faite de son ascension, en 1839, Junghuhn, le premier homme qui ait foulé ces hauteurs : « Je ne trouvai, dit-il, pas la moindre trace d'homme; c'est par des sentiers de rhinocéros et au travers d'épais fourrés que je me frayai un passage. J'arrivai ainsi au milieu du sommet à une place dénudée où un rhinocéros était couché au bord de l'eau, tandis qu'un autre paissait sur la lisière de la forêt. Dès qu'ils m'aperçurent, ils se dressèrent et prirent la fuite en respirant bruyamment. » Combien tout avait changé depuis ce premier voyage !

Le sommet, qui forme un plateau légèrement concave et sur lequel jaillit une source limpide — la plus haute de l'île, — ressemblait alors à un camp. De tous côtés des hommes et des chevaux, des feux flambant gaiement, et à côté d'un jardin de fraisiers chargés de fruits, une jolie maisonnette, abritée contre le vent et la pluie, et dans laquelle ne tarda pas à retentir le cliquetis de verres de vin de Champagne! mais tout cela dans un épais brouillard, qui ressemblait à une pluie fine. Toute l'après-midi nous attendîmes en vain que le ciel s'éclaircît : la mousson du sud-est, qui règne en général en maître dans ces hautes régions et qui en balaye les nuages, ne l'emporta que pendant de courts moments sur la mousson du nord-ouest des régions inférieures, et ce dernier vent, remontant le long du cratère occidental du Mondalawangi, ne cessa d'amener de nouveaux nuages sur la cime du Pangerango. Si curieuse que fût la lutte entre les humides courants des régions inférieures et le vent sec des hauteurs, il était pourtant contrariant pour nous que le vent du sud-est ne parvînt pas à dominer. C'est à peine si, de temps en temps, il se produisait dans les masses de brouillards qui nous enveloppaient, une petite fissure par laquelle nous apercevions un bout de la plaine comme à travers une lucarne. Nous ne parvînmes à voir qu'une seule fois les flancs crevassés du cratère du Gedeh, bien qu'à vol d'oiseau nous en fussions très-peu éloignés. Heureusement, dans la nuit, le ciel se rasséréna, de sorte que nous pûmes espérer de nous dédommager le lendemain, et nous contenter, pour le jour même, d'examiner les objets qui se trouvaient à notre portée immédiate, ce qui n'était pas, tant s'en faut, dénué d'intérêt. Ainsi, il croît là-haut une fleur qui peut compter parmi les plus belles du monde entier et qu'on n'a jusqu'à présent rencontrée nulle part ailleurs : c'est la *Primula imperialis*, découverte par Junghuhn, et connue, depuis, sous le nom de *Cankrienia chrysantha;* à côté, l'on trouve toute une série de plantes qui rappellent la flore des Alpes. Dans les buissons vit un joli petit oiseau solitaire et assez timide, une espèce de grive (*Furdus fumidus*), qui, avec un autre petit oiseau qui ressemble à un roitelet, est le seul hôte ailé de ces hautes montagnes.

Notre ardent désir de refaire connaissance avec le froid ne tarda pas à être amplement satisfait : le thermomètre descendit à 8 ou 9°, et, quand arriva la nuit, chacun, dans la maisonnette, finit par choisir sa place aussi près que possible du bon feu qui pétillait dans le poêle.

Le Pangerango est un cône d'éruption éteint; avec ses 3,109 mètres au-dessus du niveau de la mer, il est le plus élevé de l'île de Java. Tout à côté, à une distance d'un mille marin (1,852 mètres) vers le sud-est, se dresse un autre cône volcanique, le Gedeh, qui ne le cède que bien peu en hauteur à son voisin, — car il mesure 3,078 mètres, — et qui est relié à lui par une crête de passé 2,300 mètres, le Pasce Alang. Le sommet du Gedeh s'est éboulé à l'intérieur du gouffre, et sur les éboulements, qui forment une sorte d'entonnoir extérieur, s'élève maintenant un nouveau cône d'éruption, qui est encore peu élevé, mais qui n'en présente pas moins un large et profond orifice en pleine activité. Lorsque le temps est clair, les regards plongent, du haut du Pangerango, jusque fort avant dans l'abîme : nos touristes eurent, le 16 au matin, ce grandiose spectacle dans toute sa majesté.

Quant à moi, je m'étais mis en route, dès avant l'aurore, avec deux compagnons, afin d'aller, pour la première fois de ma vie, au bord même d'un volcan en activité et d'en considérer de près les profondeurs mystérieuses. Peu avant la station de Kandang Badak, le chemin conduisant au Gedeh se séparait de celui que nous avions pris la veille pour gravir le Pangerango. Il nous fallut faire l'ascension à pied, par un sentier étroit, recouvert par la végétation et à peine frayé; bientôt nous sortîmes de la forêt et nous nous trouvâmes au milieu de vastes champs de pierres et d'éboulis qui constituent la partie supérieure du cône du Gedeh, et où ne croissent plus que quelques brins d'herbes et des buissons rabougris. Une forte odeur sulfureuse se dégageait d'une solfatare située au-dessous du cratère, au fond d'un ravin pierreux, et l'on voyait s'élever des vapeurs blanches de toutes les fentes des rochers. Nous continuâmes à monter, et, après de grands efforts, nous arrivâmes enfin au bord de l'entonnoir extérieur dont j'ai parlé plus haut.

Quel contraste, suivant qu'on jetait ses regards devant ou derrière soi ! Par derrière se dressait, visible depuis la base jusqu'au sommet, le beau cône du Pangerango avec son luxuriant revêtement de forêts; au sommet brillait le signal trigonométrique qui y a été élevé, et l'on entendait retentir dans le bois des coups de feu indiquant que la société s'était remise en route pour descendre. Par devant, au contraire, nous avions d'énormes masses de roches grises s'étageant en amphithéâtre, et, au centre, le cône d'éruption fumant, vaste accumulation de débris et de pierres de toutes les couleurs. Depuis le bord extérieur du cratère, on pouvait suivre des yeux, tout le long de la montagne, un profond ravin, rempli de sable, d'éboulis et de boue, qui allait se perdre au milieu des forêts : c'est par là que le volcan se dégorge encore de temps en temps; nous avions rencontré hier sur notre chemin la partie inférieure de ce lit de débris, en montant au Pangerango.

Mais nous n'étions pas encore parvenus au terme de notre excursion; il nous restait à descendre les degrés de l'amphithéâtre et à grimper ensuite au sommet du cône d'éruption lui-même. Nous y parvînmes avec moins de difficulté que nous ne l'aurions cru d'après ce dont nous avions pu juger d'en haut.

Mes vœux étaient donc réalisés : je me trouvais en face de la bouche béante d'un volcan en activité. Je n'aurais plus pu faire un pas en avant sans qu'il advînt de moi comme des pierres que mes compagnons s'amusaient à rouler jusqu'au bord et que j'entendais rebondir dans l'intérieur du gouffre avec le bruit du tonnerre. J'avais devant les yeux un entonnoir assez vaste, d'une centaine de mètres de profondeur, le fond plein d'un limon noir, sur lequel se détachaient par-ci par-là quelques flaques d'eau jaunâtre. Les Javanais, qui m'avaient accompagné, affirmaient n'avoir jamais vu le volcan aussi calme : d'ordinaire le cratère était tout rempli de vapeurs. Cette fois, il s'en échappait à peine quelque peu des fentes latérales, absolument comme nous en avions vu s'élever de distance en distance à l'extérieur du cône. En général, on ne voyait que de l'eau, de la vapeur d'eau, du limon, et des débris de roches anguleux provenant de l'éboulement de l'ancien orifice, mais nulle trace de matières fondues, ni de torrents de lave qui auraient été vomies de nos jours par le volcan. Aussi haut qu'on peut remonter dans l'histoire du Gedeh, on ne saurait comparer son activité qu'à l'explosion d'une chaudière à vapeur chauffée, à l'intérieur de la montagne, par des masses de lave incandescente. Le volcan rejette encore de temps en temps, quand arrive le moment de l'explosion, de l'eau, de la boue, des pierres, du sable fin, chauffé parfois jusqu'au rouge et produisant alors au-dessus du cratère l'effet de gerbes de feu, des cendres volcaniques, qui sont allées tomber jusqu'à Batavia; mais, depuis les temps historiques, il n'a plus eu assez de puissance pour vomir des pierres arrondies par l'action de la chaleur ou des torrents de lave en fusion pareils à ceux qui, pendant une période antérieure, avaient formé le cône principal du volcan : il est comme les autres volcans de Java dans son dernier stade, dans sa période d'extinction. Les convulsions auxquelles nous assistons encore de nos jours sont la dernière réaction des feux intérieurs contre l'eau atmosphérique qui envahit de plus en plus les profondeurs de la montagne. Les volcans de Java, même réputés les plus actifs, le Gontur et le Lamongan, en sont tous à peu près au même point : ils rejettent des pierres et des cendres incandescentes ; mais, de mémoire d'homme, on n'en a pas vu sortir de lave.

TABLE DES MATIÈRES.

BIBLIOTHÈQUE

Pages.

Avant-propos. V

EUROPE.

I. Une chasse à l'ours en Transylvanie. . . 3
II. Passage du Hardanger-Fjeld (Alpes scandinaves), en Norwége 19
III. Le cap Nord 45

ASIE.

I. Un typhon dans les mers de la Chine . . 55
II. Une journée à Madras. 66
III. Promenade dans la ville de Canton. . . . 98
IV. Yeddo, capitale du Japon 110
V. Excursion au Daï-Boutz (Japon) 121

AFRIQUE.

I. Quelques mots sur les mœurs des Cafres. 137
II. Les Derviches hurleurs 149
III. Mœurs des nègres du Congo à Schemba-Schemba. 165

AMÉRIQUE.

Pages.

I. Un incendie dans les Pampas du Chili. . 209
II. Le chien de la Prairie et ses mœurs . . . 226
III. Un voyage aérien 234
IV. Les indigènes du Groënland septentrional. 249
V. Les voyages en traîneau et la chasse au phoque au Groënland. 264

OCÉANIE.

Excursion au sommet du Gunong Pangerango et au cratère du Gunong Gedeh, dans l'île de Java. 287

STRASBOURG, IMPRIMERIE DE VEUVE BERGER-LEVRAULT.

www.ingramcontent.com/pod-product-compliance
Ingram Content Group UK Ltd.
Pitfield, Milton Keynes, MK11 3LW, UK
UKHW031044260726
13965UKWH00006B/258